BEI GRIN MACHT SICH IHR WISSEN BEZAHLT

- Wir veröffentlichen Ihre Hausarbeit, Bachelor- und Masterarbeit

- Ihr eigenes eBook und Buch - weltweit in allen wichtigen Shops

- Verdienen Sie an jedem Verkauf

Jetzt bei www.GRIN.com hochladen und kostenlos publizieren

Bibliografische Information der Deutschen Nationalbibliothek:

Die Deutsche Bibliothek verzeichnet diese Publikation in der Deutschen Nationalbibliografie; detaillierte bibliografische Daten sind im Internet über http://dnb.d-nb.de/ abrufbar.

Dieses Werk sowie alle darin enthaltenen einzelnen Beiträge und Abbildungen sind urheberrechtlich geschützt. Jede Verwertung, die nicht ausdrücklich vom Urheberrechtsschutz zugelassen ist, bedarf der vorherigen Zustimmung des Verlages. Das gilt insbesondere für Vervielfältigungen, Bearbeitungen, Übersetzungen, Mikroverfilmungen, Auswertungen durch Datenbanken und für die Einspeicherung und Verarbeitung in elektronische Systeme. Alle Rechte, auch die des auszugsweisen Nachdrucks, der fotomechanischen Wiedergabe (einschließlich Mikrokopie) sowie der Auswertung durch Datenbanken oder ähnliche Einrichtungen, vorbehalten.

Impressum:

Copyright © 2016 GRIN Verlag
Druck und Bindung: Books on Demand GmbH, Norderstedt Germany
ISBN: 9783668877115

Dieses Buch bei GRIN:

https://www.grin.com/document/454250

Niklas Würtele

Aus der Reihe: e-fellows.net stipendiaten-wissen

e-fellows.net (Hrsg.)

Band 2975

Der zentrale Grenzwertsatz. Verfeinerungen und die funktionale Version

GRIN Verlag

GRIN - Your knowledge has value

Der GRIN Verlag publiziert seit 1998 wissenschaftliche Arbeiten von Studenten, Hochschullehrern und anderen Akademikern als eBook und gedrucktes Buch. Die Verlagswebsite www.grin.com ist die ideale Plattform zur Veröffentlichung von Hausarbeiten, Abschlussarbeiten, wissenschaftlichen Aufsätzen, Dissertationen und Fachbüchern.

Besuchen Sie uns im Internet:

http://www.grin.com/

http://www.facebook.com/grincom

http://www.twitter.com/grin_com

DER ZENTRALE GRENZWERTSATZ: VERFEINERUNGEN UND DIE FUNKTIONALE VERSION

Institut für Mathematik
der Universität Augsburg

Abschlussarbeit

zur Erlangung des akademischen Grades
Bachelor of Science

am *13.06.2016*

Inhaltsverzeichnis

1. Einführung in das Thema	**3**
2. Grundlagen	**3**
3. Verfeinerungen des zentralen Grenzwertsatzes	**8**
3.1. Berry-Esséen	8
3.2. Asymptotische Erweiterungen	10
3.3. Große Abweichungen	12
4. Funktionaler Zentraler Grenzwertsatz	**15**
4.1. Grundlagen stochastischer Prozesse	15
4.2. Funktionlaler zentraler Grenzwertsatz für $\alpha = 2$	18
4.3. Funktionaler zentraler Grenzwertsatz für $\alpha \neq 2$	26
5. Zusammenfassung und Ausblick	**31**
A. Anhang	**32**
A.1. Konvergenz von Zufallsvariablen	32
A.2. Attribute von Zufallsvariablen	33
A.3. (Standard-)Normalverteilung	34
A.4. Asymptotik	35
A.5. Konvergenz stochastischer Prozesse	36
A.6. Allgemein	38
Literaturverzeichnis	**40**

1. Einführung in das Thema

In der modernen (Wirtschafts-)Mathematik kommt man oft in die Situation, mit Zufallsgrößen oder auch Zeitreihen arbeiten zu müssen, die sich in irgendeiner Form auf *Summen unabhängiger Zufallsvariablen* zurückführen lassen. Ein wichtiges Forschungsgebiet ist deshalb deren approximative Einordnung und Beschreibung. Ein besonders prominentes Ergebnis ist hierbei der *zentrale Grenzwertsatz*, der 1920 erstmals von George Pólya unter dieser Bezeichnung aufgeführt wurde. Er sagt unter anderem aus, dass sich der Mittelwert unabhängig identisch verteilter Zufallsvariablen für große Stichproben einer *Normalverteilung* annähert. Er findet häufige Anwendung in der Praxis, zum Beispiel im Risikomanagement, wenn es um Wahrscheinlichkeiten von Extremereignissen geht, oder auch bei der Bewertung von Optionen im Aktienhandel. Damit in diesen Gebieten verlässliche Ergebnisse und Berechnungen erzielt werden, ist es aber wichtig, die Konvergenzaussage für unterschiedliche Fälle zu spezifizieren und passende Ableitungen zu entwickeln. In dieser Arbeit sollen deshalb einige Ergebnisse vorgestellt werden, die auf dem zentralen Grenzwertsatz aufbauen.

Dabei wird zuerst kompakt auf dessen genaue Definition und deren Herleitung im Allgemeinen eingegangen (Kapitel 2). Anschließend wird versucht, die recht allgemein gehaltene Konvergenzaussage durch verschiedene Werkzeuge genauer einzuordnen (Kapitel 3). Im letzten Teil der Arbeit wird schließlich dessen Aussage auf das Gebiet der stochastischen Prozesse übertragen und analoge Ergebnisse für Summenprozesse unabhängig identisch verteilter Zufallsvariablen vorgestellt (Kapitel 4).

2. Grundlagen

In diesem Kapitel sollen zunächst die grundlegenden Definitionen und Erkenntnisse aufgezählt werden, die in den *zentralen Grenzwertsatz* (im Folgenden auch mit ZGS abgekürzt) für Summen unabhängiger Zufallsvariablen resultieren und die für den weiteren Verlauf dieser Arbeit essentiell sind. Der Abschnitt orientiert sich inhaltlich stark an Embrecht et al ([3], Kapitel 2.2).

Wir betrachten im Folgenden *unabhängig identisch verteilte Zufallsvariablen* X_i, $i \in \{1,\ldots,n\}$ mit Erwartungswert μ und Varianz σ^2, deren Verteilungsfunktion $F = F_i$ durch

$$F(x) = P(X_i \leq x), \quad x \in \mathbb{R},$$

und deren Summe durch

$$S_n = \sum_{i=1}^{n} X_i$$

gegeben ist.

Die Theorie des ZGS beschäftigt sich nun mit dem Problem, eine geeignete Grenzverteilung für S_n zu finden. Gemeint ist hiermit die Verteilung einer Zufallsvariablen G, sodass

S_n nach passender Normierung gegen G konvergiert (für Konvergenz bei Zufallsvariablen siehe Anhang, Abschnitt A.1).
Dafür ist es nötig, den Begriff der *stabilen Verteilungen* einzuführen.

Definition 2.1 (Stabile Verteilungen und Zufallsvariablen)
Eine Zufallsvariable (bzw. die entsprechende Verteilung oder Dichte) heißt stabil, wenn

$$c_1 X_1 + c_2 X_2 \stackrel{(d)}{=}{}^1 b(c_1, c_2) X + a(c_1, c_2)$$

erfüllt ist, für unabhängig identisch verteilte X, X_1, X_2, für alle $c_1, c_2 < 0$ und passende reelle Zahlen $b(c_1, c_2) > 0$ und $a(c_1, c_2)$. □

Auf S_n ausgeweitet gilt demnach für stabile X_i

$$S_n = X_1 + ... + X_n \stackrel{(d)}{=} b_n X + a_n, \quad n \geq 1,$$

also

$$b_n^{-1}(S_n - a_n) \stackrel{(d)}{=} X$$

für geeignete $a_n, b_n \in \mathbb{R}$.
Stabile Verteilungen sind also genau die gesuchten Grenzverteilungen von Summen unabhängig identisch verteilter Zufallsvariablen.
Doch wie kann man sich diese vorstellen? Wie alle Verteilungen können sie eindeutig[2] durch deren charakteristische Funktion[3] beschrieben werden.
Diese kann man in folgender Form angeben:

Satz 2.2 (Spektrale Darstellung einer stabilen Verteilung)
Eine stabile Verteilung hat die charakteristische Funktion

$$\phi_X(t) = E[e^{iXt}] = \exp\left\{ i\gamma t - c|t|^\alpha \left(1 - i\beta \mathrm{sign}(t) z(t, \alpha)\right) \right\}, \quad t \in \mathbb{R},$$

wobei $\gamma \in \mathbb{R}$ konstant, $c > 0$, $\alpha \in (0, 2]$, $\beta \in [-1, 1]$ und

$$z(t, \alpha) = \begin{cases} \tan(\dfrac{\pi \alpha}{2}), & \text{für } \alpha \neq 1 \\ -\dfrac{2}{\pi} \ln|t|, & \text{für } \alpha = 1. \end{cases}$$

□

In der spektralen Repräsentation $\phi_X(t) = \phi_X(t; c, \beta, \gamma, \alpha)$ kann eine stabile Verteilung demnach im Wesentlichen beschrieben werden durch

---

[1]Wir schreiben $X \stackrel{(d)}{=} Y$ für Zufallsvariablen X und Y, wenn sie die gleiche Verteilung besitzen.
[2]Siehe A.9.
[3]Siehe A.8.

1. den *Skalierungsparameter* c.
2. den frei wählbaren *Schiefeparameter* β.
3. den *Lokationsparameter* γ. (Für den Rest dieser Arbeit werden wir ohne Beschränkung der Allgemeinheit von $\gamma = 0$ ausgehen.)
4. den *charakteristischen Exponenten* α.

Definition 2.3 (α-stabile Verteilungen)
Sei X eine stabile Zufallsvariable mit charakteristischer Funktion $\phi_X(t; c, \beta, \gamma, \alpha)$. Die zugehörige Verteilung nennen wir α-stabil. □

Eine explizite Dichte solcher α-stabiler Verteilungen können wir außer für einige Spezialfälle allerdings nicht angeben. Ein solcher Fall, auf den wir uns im Folgenden öfter beschränken werden, ist der der 2-*stabilen Verteilungen*.

Beispiel 2.4 (2-stabile Verteilungen)
Eine 2-stabile Verteilung ist nach den Sätzen 2.2 und A.9 normalverteilt mit Erwartungswert 0, da wir mit

$$\phi_X(t) = \exp\{-ct^2\} = \exp\{0t + \frac{(2c)t^2}{2}\} = \phi_{X'}(t)$$

genau die charakteristische Funktion einer Normalverteilung $X' \sim N(0, 2c)$ erhalten. □

Die zentrale Frage, die sich nun stellt, ist:

Wie müssen wir nun die Konstanten $a_n \in \mathbb{R}$ und $b_n > 0$ in Abhängigkeit von X und α wählen, sodass

$$b_n^{-1}(S_n - a_n) \xrightarrow{d} G_\alpha \tag{1}$$

für eine α-stabile Verteilung G_α erfüllt ist?

Als Konvergenz setzen wir hierbei nur schwache Konvergenz voraus (siehe Definition A.1).
Im Rahmen dieser Frage führen wir dazu folgende Definition ein:

Definition 2.5 (Anziehungsbereich einer stabilen Verteilung)
Wir sagen, die Zufallsvariable X gehört zum Anziehungsbereich einer α-stabilen Verteilung G_α, wenn Konstanten $a_n \in \mathbb{R}, b_n > 0$ existieren, sodass 1 erfüllt ist.
Wir schreiben $X \in DA(G_\alpha)$ und sagen, dass (X_n) den ZGS mit Grenze G_α erfüllt. □

Da die genaue Form der Grenzverteilung für unsere Zwecke nicht wichtig ist, schreiben wir auch allgemeiner $X \in DA(\alpha)$ statt $X \in DA(G_\alpha)$.
Für den Spezialfall $\alpha = 2$ ergibt sich hierbei folgende Charakterisierung:

Korollar 2.6 (Anziehungsbereich einer Normalverteilung)
Eine Zufallsvariable X ist genau dann im Anziehungsbereich einer Normalverteilung, wenn eine der folgenden Vorraussetzungen erfüllt ist:

(i) $E[X^2] < \infty$.

(ii) $E[X^2] = \infty$ und $\int_{|y| \leq x} y^2 dF(y)$ ist langsam variierend[4].

□

Bedingung (a) von Korollar 2.6 kann man genauer einordnen, indem man noch den in dieser Arbeit häufig benötigten Begriff des *k-ten Momentes* einer Zufallsvariablen einführt:

Definition 2.7 (k-ter Moment einer Zufallsvariablen; vgl. Hesse ([4]), S.42)
Sei X Zufallsvariable und $k \in \mathbb{N}$. Der k-te (absolute) Moment von X ist definiert durch

$$E[X^k] \quad (E[|X^k|]).$$

Wir sagen, der k-te (absolute) Moment von X existiert wenn gilt:

$$E[X^k] < \infty \quad (E[|X^k|] < \infty).$$

□

Für den allgemeineren Fall von Verteilungen im Anziehungsbereich einer α-stabilen Verteilung lassen sich für die Momente folgende Ergebnisse festhalten:

Korollar 2.8 (Momente von Verteilungen in $DA(\alpha)$)
Sei $X \in DA(\alpha)$. Dann gilt:

$$E[X^\delta] < \infty \ \text{für } \delta < \alpha,$$
$$E[X^\delta] = \infty \ \text{für } \delta > \alpha \text{ und } \alpha < 2.$$

Insbesondere:
$$V[X] = \infty \ \text{für } \alpha < 2,$$
$$E[X] < \infty \ \text{für } \alpha > 1,$$
$$E[X] = \infty \ \text{für } \alpha < 1.$$

□

Für die Konstanten a_n und b_n in (1) ergeben sich folgende Formen:

Proposition 2.9 (Normalisierungskonstanten des ZGS)
Als Normalisierungskonstanten (b_n) des ZGS für $F \in DA(\alpha)$ können die eindeutigen Lösungen der Gleichungen

$$Q(b_n) = n^{-1}, \quad n \leq 1$$

---
[4]Für die Definintion langsam variierender Funktionen siehe A.23.

wählen. Insbesondere gilt
$$b_n \sim n^{1/2}\sigma, \quad n \to \infty,$$
falls $\sigma^2 < \infty$ und $\mu = 0$ und
$$b_n = n^{1/\alpha} L_1(n), \quad n \to \infty,$$
falls $\alpha < 2$, wobei L_1 eine passende langsam variierende Funktion ist. □

Proposition 2.10 (Zentrierungskonstanten des ZGS)
Die Zentrierungskonstanten (a_n) des ZGS können durch
$$a_n = n \int_{|y| \leq b_n} y \, dF(y)$$
angegeben werden, wobei b_n wie in 2.9 gewählt wird. Insbesondere können wir $a_n = \tilde{a}n$ wählen, wobei
$$\tilde{a} = \begin{cases} \mu, & \text{falls } \alpha \in (1,2] \\ 0, & \text{falls } \alpha \in (0,1) \\ 0, & \text{falls } \alpha = 1 \text{ und } F \text{ symmetrisch}^5. \end{cases}$$
□

Zusammengefasst können wir damit folgende Form des zentralen Grenzwertsatzes einführen, auf die wir uns in dieser Arbeit beziehen werden:

Satz 2.11 (Zentraler Grenzwertsatz)
Sei $X \in DA(\alpha)$ für $\alpha \in (0,2]$.

(i) Falls $E[X^2] < \infty$, dann gilt
$$\frac{S_n - n\mu}{\sigma\sqrt{n}} \xrightarrow{d} \Phi,$$
wobei Φ die Verteilungsfunktion der Standardnormalverteilung ist (siehe A.10).

(ii) Falls $E[X^2] = \infty$ und $\alpha = 2$ oder falls $\alpha < 2$, dann gilt
$$\frac{S_n - a_n}{n^{1/\alpha} L_2(n)} \xrightarrow{d} G_\alpha,$$
für eine α-stabile Verteilung G_α, eine passende langsam variierende Funktion L_2 und Zentrierungskonstanten wie in Proposition 2.10. Insbesondere
$$\frac{S_n - \tilde{a}n}{n^{1/\alpha} L_2(n)} \xrightarrow{d} G_\alpha$$
mit $\tilde{a}$ wie in Proposition 2.10.

□

Der Spezialfall (i) ergibt sich hier direkt durch die Voraussetzung $E[X^2] < \infty$ und der Form der Konstanten wie in den Propositionen 2.10 und 2.9.

---
[5]Wir nennen eine Verteilungsfunktion F symmetrisch zum Punkt $c \in \mathbb{R}$, wenn $F(c+x) = 1 - F(c-x)$.

3. Verfeinerungen des zentralen Grenzwertsatzes

Wir betrachten nun eine Folge unabhängig identisch verteilter Zufallsvaiablen (X_n) mit Erwartungswert $\mu < \infty$, Varianz $\sigma^2 < \infty$ und zweitem Moment $E[X^2] < \infty$. Nach Korollar 2.6 befinden sich diese Zufallsvariablen also im Anziehungsbereich einer Normalverteilung und erfüllen die Voraussetzungen des zentralen Grenzwertsatzes wie in Fall (i) von Satz 2.11. Es gilt also

$$\frac{S_n - n\mu}{\sigma\sqrt{n}} \xrightarrow{d} \Phi. \qquad (2)$$

Diese Aussage gibt allerdings noch keine Auskunft über die Güte bzw. die Geschwindigkeit der Konvergenz. Gerade, weil wir durch die eher schwache Einschränkung über die Existenz des zweiten Moments eine sehr große Grundgesamtheit an Verteilungen betachten, ist anzunehmen, dass diese je nach betrachteter Verteilung mitunter stark variiert.

Die Grundfrage dieses Kapitels ist deswegen:

Wie kann man die Qualität der Konvergenz des zentralen Grenzwertsatzes bestimmen und verbessern?

Dies ist auch deshalb wichtig, weil wir keine Untergrenze für den Stichprobenumfang angegeben haben, was die Frage aufwirft, ab welchem Wert für n die Approximation für gegebene Verteilungen überhaupt Sinn macht. Einer der Indikatoren für die Konvergenzgüte ist hierbei, wie wir noch sehen werden, die *Existenz höherer Momente*. Dies ist auch intuitiv, wenn man beachtet, dass der k-te Moment einer Standardnormalverteilung für jedes $k \in \mathbb{N}$ existiert (siehe dazu Satz A.11). Wir werden deshalb in den ersten zwei Unterkapiteln versuchen, anhand der gegebenen existierenden Momente immer feinere Abschätzungen bzw. Approximationen herzuleiten.

Der Abschnitt orientiert sich inhaltlich stark an Embrecht et al ([3], Kapitel 2.3).

3.1. Berry-Esséen

Wir setzen nun fürs Erste voraus, dass mindestens der dritte Moment von X existiert, also $E[X^3] < \infty$. Der prominente *Satz von Berry-Esséen* liefert für diese Verteilungen eine Abschätzung für die Konvergenzgeschwindigkeit.

Dafür müssen wir zunächst die Konvergenzaussage in eine handlichere Form bringen: Sei

$$G_n(x) = P\left(\frac{S_n - n\mu}{\sqrt{n}\sigma} \leq x\right)$$

die *Verteilung des standardisierten Stichprobenmittels* von X und somit

$$\Delta_n = \sup_{x \in \mathbb{R}} |G_n(x) - \Phi(x)|$$

die von n abhängige Obergrenze für den Approximationsfehler.
Dann gilt nach Satz 2.11
$$\Delta_n \xrightarrow{n\to\infty} 0 \tag{3}$$
Aus dem ZGS folgt eigentlich nur schwache Konvergenz von G_n gegen Φ. Die Darstellung in (3) folgt hier aus der Definition schwacher Konvergenz wie in A.2 und der Stetigkeit von Φ.
Wir können nun Konvergenzgüte und -geschwindigkeit anhand von Δ_n abschätzen. Der Satz von Berry-Esséen liefert dabei folgendes wichtiges Ergebnis:

Satz 3.1 (Satz von Berry-Esséen)
Angenommen $E[X^2] < \infty$. Dann gilt

$$|G_n(x) - \Phi(x)| \leq \frac{c}{\sqrt{n}(1+|x|)^3} \frac{E[|X-\mu|]^3}{\sigma^3}, \tag{4}$$

für alle x, wobei c eine universelle Konstante ist. Insbesondere gilt[6]

$$\Delta_n \leq \frac{c}{\sqrt{n}} \frac{E[|X-\mu|]^3}{\sigma^3}. \tag{5}$$

$\square$

Wir haben hier eine nicht-gleichmäßige Form angegeben, ohne dabei Einschränkungen von Erwartungswert oder Varianz vorzunehmen. Aus dem Übergang zu (5) wird ersichtlich, dass die Approximation besser ist, je höher wir unser x wählen. Abgesehen davon hängt die Abschätzung von Δ_n vor allem von zwei Größen ab:

- Dem Quotienten $E[|X-\mu|]^3/\sigma^3$ aus dem *dritten absoluten zentralen Moment* (siehe Definition A.5) und der kubischen Standardabweichung σ^3 und

- c, einer universellen, von X unabhängigen Konstante, die im gleichmäßigen Fall durch $c \in (0.4097, 0.7975)$ eingeschränkt werden kann. Im Laufe der Jahre gab es mehrere Versuche, einen optimalen Wert zu bestimmen. Während 1985 noch 0.7655 verwendet wurde, ist der aktuelle Optimalwert 0.4748 und stammt von der Mathematikerin Irina Shevtsova. Für einen Überblick über die Entwicklung im nicht-gleichmäßigen Fall sei auf Pinelis ([8]) verwiesen. Mögliche Werte wären hier 0.7655 für die Darstellung in (4) und $0.7655 + 8(1+e)$ für die Darstellung in (5).

Die durch den Satz erhaltene typische Konvergenzgeschwindigkeit von Δ_n gegen 0 für unabhängig identisch verteilte (X_n) mit existierendem dritten Moment beträgt damit $\boxed{1/\sqrt{n}}$. Diese ist mitunter optimal in dem Sinne, dass Folgen (X_n) existieren, für die tatsächlich $\Delta_n \asymp (1/\sqrt{n})$ gilt[7], z.B. bei symmetrisch bernoulliverteilten X, die mit gleicher Wahrscheinlichkeit die Werte ± 1 annehmen.

---

[6](5) ergibt sich hier aus (4), indem von beiden Seiten das Supremum über x betrachtet wird.
[7]Wir schreiben $a(x) \asymp b(x)$ für $x \to x_0$, falls $0 < \liminf_{x \to x_0} a(x)/b(x) \leq \limsup_{x \to x_0} a(x)/b(x) < \infty$.

Allgemein ist die Abschätzung nach Berry-Esséen aber eher pessimistisch, was an der immer noch recht geringen Einschränkung über die Existenz des dritten Moments liegt. Falls noch weitere Eigenschaften von X vorausgesetzt werden können, wie zum Beispiel die Existenz einer glatten Dichte oder der momenterzeugenden Funktion, könnte diese noch deutlich verfeinert werden.

Bemerkung 3.2 (Konvergenzgeschwindigkeit für allgemeine (X_n))
Um eine allgemeingültige Konvergenzgeschwindigkeit zu schätzen, haben wir neben der Existenz des dritten Momentes auch noch vorausgesetzt, dass die (X_n) unabhängig und identisch verteilt sind. Beide Voraussetzungen waren für die Ergebnisfindung nötig.
Für den Fall, dass $X \in DNA(\alpha)$ für $\alpha \neq 2$, lässt sich kein einheitliches Ergebnis in ähnlicher Form wie in Satz 3.1 finden. Dies liegt unter anderem daran, dass diese X keine endliche Standardabweichung und für $\alpha < 1$ nicht einmal einen endlichen Erwartungswert besitzen. Die Konvergenzgeschwindigkeit solcher Zufallsvariablen wird z.b. in den Abschnitten 14 und 15 von Rachev ([9]) untersucht.
Ähnlich verhält es sich, wenn die (X_n) nicht mehr identisch verteilt sind. Ergebnisse hierzu finden sich in Abschnitt 5.3 von Petrov ([7]). □

3.2. Asymptotische Erweiterungen

Falls tatsächlich gewisse Voraussetzungen als gegeben angenommen werden können, sodass Satz 3.1 erwartungsgemäß keine optimale Schätzung mehr liefert, kann versucht werden, G_n durch Φ und zusätzliche Terme approximativ anzunähern. Die Güte der Konvergenz kann dann im Idealfall an der Höhe dieser Zusatzterme abgelesen werden. Die Genauigkeit dieser Approximationen hängt letztendlich wieder von den Eigenschaften der betrachteten X_i ab. Wir gehen im Folgenden davon aus, dass mindestens der dritte Moment existiert, sind im Gegensatz zum vorherigen Kapitel aber flexibel, was die Existenz höherer Momente angeht.

Die Methode, die betrachtet werden soll, nennt sich *Edgeworth-* oder *Asymptotische Erweiterung*. $G_n(x)$ wird hierbei angenähert durch.

$$G_n(x) = \Phi(x) + \sum_{k=1}^{\infty} n^{-k/2} Q_k(x), \quad x \in \mathbb{R}, \qquad (6)$$

wobei die Q_k Ausdrücke sind, die unter anderem die hermiteschen Polynome[8] enthalten. Die Form der Erweiterung in (6) ergibt sich aus der Konvergenz von G_n nach dem ZGS, indem eine Taylor-Entwicklung (siehe A.15) der logarithmischen charakteristischen Funktion von G_n aufgestellt wird[9]. Diese Methode kann auch für andere Statistiken, zum Beispiel für das *arithmetische Mittel*, verwendet werden. Die genaue Ausprägung und Anzahl der Erweiterungsterme ist dabei stark abhängig von den existierenden Momenten von X. In der Praxis ist es nämlich nur möglich, $(p' - 2)$ der Q_k-Terme überhaupt darzustellen, wobei $p' = \max\{p \in \mathbb{N} : E[X^p] < \infty\}$ die Ordnung des höchsten existierenden

---
[8]Familie orthogonaler Polynome, für die genaue Definition siehe A.16.
[9]Für eine formale Herleitung siehe z.B. Abschnitt 6.1 von Petrov ([7]).

Momentes von X ist.

Beispiel 3.3 (Edgeworth Erweiterung für $E[X^4] < \infty$)
Wir gehen nun als Beispiel vom vierten existierenden Moment aus. Damit ergeben sich zwei darstellbare Q-Terme, die folgende Form annehmen:

$$Q_1(x) = -\varphi(x) \frac{H_2(x)}{6} \frac{E[X-\mu]^3}{\sigma^3},$$

$$Q_2(x) = -\varphi(x) \left\{ \frac{H_5(x)}{72} \left(\frac{E[X-\mu)^3}{\sigma^3} \right)^2 + \frac{H_3(x)}{24} \left(\frac{E[X-\mu]^4}{\sigma^4} - 3 \right) \right\},$$

wobei φ die Dichtefunktion der Standardnormalverteilung ist (s. A.10). Ansonsten enthalten die Terme:

- Die hermiteschen Polynome H_2, H_3, H_5, die die Form

$$H_2(x) = x^2 - 1,$$
$$H_3(x) = x^3 - 3x \text{ und}$$
$$H_5(x) = x^5 - 10x^3 + 15x$$

haben.

- Den Quotienten $E[X-\mu]^3/\sigma^3$, der die *Schiefe* von X beschreibt (siehe A.6). Er ist eine Maßzahl für die Asymmetrie der Verteilung und es lässt sich ablesen, dass der Konvergenzfehler kleiner ist, je symmetrischer die Verteilung von X ist. Das ist auch intuitiv, da mit Φ eine symmetrische Verteilung mit Schiefe 0 angenähert wird [10].

- Den Quotienten $E[X-\mu]^4/\sigma^4$, der die *Kurtosis* von X beschreibt (siehe A.7). Er ist eine Maßzahl für die Wölbung der Verteilung und es lässt sich, ähnlich wie bei der Schiefe, ablesen, dass der Konvergenzfehler geringer wird, je näher sich die Wölbung einem Wert von 3 nähert, was der Wölbung von Φ entspricht[11].

Die einzigen von X abhängigen Größen sind hier also Schiefe und Kurtosis der Verteilung. Durch das Addieren der Q-Terme findet eine *"Korrektur"* der Abweichung bezüglich dieser Werte von der Standardnormalverteilung statt. □

Um G_n mit dieser Methode so genau zu approximieren, dass wir von asymptotisch vernachlässigbaren Resttermen ausgehen können, müssen bestimmte Bedingungen der Verteilungsfunktion F vorausgesetzt sein, z.B. *absolute Stetigkeit* (siehe A.25) oder *Verteilung auf einem Verband*. Ein solches Ergebnis soll an dieser Stelle kurz vorgestellt werden:

---
[10] $v(X) = E[X^3] = 0$ nach A.11, $X \sim N(0,1)$.
[11] $w(X) = E[X^4] = 3$ nach A.11, $X \sim N(0,1)$.

Satz 3.4 (Asymptotische Entwicklung im absolut stetigen Fall)
Angenommen, $E[X]^k < \infty$ für eine natürliche Zahl $k \geq 3$. Für absolut stetige F gilt dann:

$$(1+|x|)^k \left| G_n(x) - \Phi(x) - \sum_{i=1}^{k-2} \frac{Q_i(x)}{n^{i/2}} \right| = o\left(\frac{1}{n^{(k-2)/2}}\right)$$

gleichmäßig in x. insbesondere

$$G_n(x) = \Phi(x) + \sum_{i=1}^{k-2} \frac{Q_i(x)}{n^{i/2}} + o\left(\frac{1}{n^{(k-2)/2}}\right)$$

gleichmäßig in x. □

Hier wurde für die Abschätzung der Restterme jeweils die sogenannte *"Klein o Notation"* verwendet (siehe A.13). In diesem Fall bedeutet das, dass der Fehler der Annäherung für $n \to \infty$ schneller gegen 0 geht als $n^{-(k-2)/2}$.
Man sieht also, dass die Restterme für diese Fälle bei großen n und höheren existierenden Momenten schnell verschwindend klein werden und damit sehr brauchbare Approximationen angegeben werden können.

Abschließend muss noch erwähnt werden, dass asymptotische Erweiterungen auch zur Approximation von Ableitungen von G_n angewandt werden können. Insbesondere lässt sich eine Approximation für die Dichte von G_n finden, falls F absolut stetig ist. Obwohl sie, wie in Satz 3.4 gesehen, mitunter sehr genau werden können, bringen sie aber auch Nachteile mit sich: Zum einen sind die Approximationen, wie bereits angesprochen, keine Verteilungen, was die Handhabung erschwert. Insbesondere ist $P(\Omega) \neq 1$, was dem *zweiten Axiom von Kolmogorow* für Wahrscheinlichkeitsmaße widerspricht. Zum anderen kann es bestimmte Werte für x geben, besonders an den Rändern der Verteilung, für die die Approximation trotz allgemeiner Güte ungenau wird.

3.3. Große Abweichungen

Im Rahmen der ZGS-Verfeinerung muss auch kurz auf die Theorie der *großen Abweichungen* eingegangen werden. Diese ist ein zentrales Gebiet der modernen Wirtschaftsmathematik und beschäftigt sich mit der Asymptotik von Wahrscheinlichkeiten seltener Ereignisse, was vor allem im Kreditrisikomanagement Anwendung findet. Hierbei wird auch auf Konvergenzsätze wie in unserem Fall den ZGS eingegangen und die Wahrscheinlichkeit betrachtet, dass sich Summen unabhängig identisch verteilter Zufallsvariablen signifikant anders verhalten als erwartet.

Aus dem ZGS folgt, dass für beschränkte Folge x gilt:

$$\frac{1-G_n(x)}{1-\Phi(x)} \to 1, \quad bzw. \quad \frac{G_n(-x)}{\Phi(-x)} \to 1.$$

Wir betrachten diese Quotienten nun für gegebene, grob von der Größenordnung von n abhängige x, oder auch für $x = x_n \to \infty$ mit gegebener Geschwindigkeit. Zunächst geben wir eine auf den ZGS für $X \in DA(2)$ angewandte Version des in diesem Gebiet zentralen *Satz von Cramérs* an.

Satz 3.5 (Cramérs Satz über große Abweichungen)
Angenommen, die momenterzeugende Funktion $M(h) = E[e^{hX}]$ existiert in der Nähe des Ursprungs. Dann gilt:

$$\frac{1 - G_n(x)}{1 - \Phi(x)} = \exp\left\{\frac{x^3}{\sqrt{n}} \lambda\left(\frac{x}{n}\right)\right\} \left[1 + O\left(\frac{x+1}{\sqrt{n}}\varphi(x)\right)\right], \; bzw.$$

$$\frac{G_n(-x)}{\Phi(-x)} = \exp\left\{\frac{-x^3}{\sqrt{n}} \lambda\left(\frac{-x}{n}\right)\right\} \left[1 + O\left(\frac{x+1}{\sqrt{n}}\varphi(x)\right)\right],$$

für positive $x = o(\sqrt{n})$ und eine Potenzreihe $\lambda(z)$, die in der Nähe des Ursprungs konvergiert und deren Koeffizienten von den Momenten von X abhängen. □

Die Potenzreihe $\lambda(z)$ wird auch *Cramér-Reihe* genannt und ist die *Legendre-Transformation* der *kummulantenerzeugenden Funktion* $g_X(t) = \ln E[e^{tx}]$ von X. Für eine genaue Charakterisierung siehe zum Beispiel Petrov ([7], Abschnitt 8.2). Da die Bestimmung und die Behandlung der Koeffizienten sehr kompliziert ist, gehen wir an dieser Stelle nicht genauer darauf ein, um den Rahmen dieser Arbeit nicht uz sprengen, sondern beschränken uns auf einen Spezialfall von Satz 3.5, den wir in Korollar 3.6 festhalten.

Korollar 3.6
unter den Bedingungen von Satz 3.5 gilt:

$$1 - G_n(x) = (1 - \Phi(x)) \exp\left\{\frac{x^3}{6\sqrt{n}} \frac{E[X-\mu]^3}{\sigma^3}\right\} + O\left(\frac{1}{\sqrt{n}}\varphi(x)\right),$$

$$G_n(-x) = \Phi(-x) \exp\left\{\frac{-x^3}{6\sqrt{n}} \frac{E[X-\mu]^3}{\sigma^3}\right\} + O\left(\frac{1}{\sqrt{n}}\varphi(x)\right),$$

für $x \geq 0, x = O(n^{1/6})$. Insbesondere, falls $E[X-\mu]^3 = 0$:

$$G_n(x) - \Phi(x) = O\left(\frac{1}{\sqrt{n}}\varphi(x)\right), \quad x \in \mathbb{R}.$$

□

Hier wurde die sogenannte *"Groß O Notation"* verwendet (siehe A.14), um das asymptotische Verhalten der (relativen) Abweichungen zu beschreiben. Die Ergebnisse können

also als Verfeinerung der Konvergenzgeschwindigkeit wie in Berry-Esséen (Satz 3.1) angesehen werden.
Falls $x = x_n \to \infty$ so, dass $x_n = o(n^{1/6})$, folgt aus Korollar 3.6 außerdem, dass

$$P\left(\left|\frac{S_n - \mu n}{\sigma\sqrt{n}}\right| > x_n\right) = 2(1 - \Phi(x_n)) + O\left(\frac{1}{\sqrt{n}}\exp\left\{-\frac{x_n^2}{2}\right\}\right).$$

Hierbei sind die x_n so gewählt, dass

$$\frac{S_n - \mu n}{\sigma\sqrt{n}x_n} \xrightarrow{p} 0.^{12} \qquad (7)$$

Wir wollen auch auf Ergebnisse für den allgemeinen Fall $X \in DA(\alpha), \alpha \neq 2$ eingehen. Da die momenterzeugende Funktion für diese X in der Nähe des Ursprungs nicht existiert und somit die für Satz 3.5 essentielle Cramér-Reihe nicht definiert werden kann, haben diese eine komplett andere Form. Der Einfachheit halber beschränken wir uns hierbei auf symmetrische Zufallsvariablen.

Satz 3.7 (Heydes Satz über große Abweichungen)
Seien $X \in DA(\alpha)$ symmetrisch mit $\alpha \in (0,2)$, (b_n) eine beliebige Folge, sodass $b_n \uparrow \infty$ und $P(X > b_n) \sim 1/n$ und bezeichnen

$$M_1 = X_1, \quad M_n = \max(X_1, ..., X_n), \quad n \geq 2$$

die Stichprobenmaxima. Dann gilt:

$$\lim_{n \to \infty} \frac{P(S_n > b_n x_n)}{nP(X > b_n x_n)} = \lim_{n \to \infty} \frac{P(S_n > b_n x_n)}{P(M_n > b_n x_n)} = 1,$$

für jede Folge $x_n \to \infty$. □

Satz 3.7 ist im Prinzip eine Ergänzung zu dem Grenzverhalten

$$\lim_{n \to \infty} \frac{P(S_n > x)}{P(M_n > x)} = 1,$$

das eine wesentliche Eigenschaft *subexponentieller Verteilungen* darstellt. Die Voraussetzungen sind hier so gewählt, dass nach Satz 2.11

$$b_n^{-1} S_n \xrightarrow{d} G_\alpha$$

für eine α-stabile Verteilung G_α erfüllt ist. Das Verhalten

$$\frac{S_n}{b_n x_n} \xrightarrow{p} 0$$

ist hier direkt vergleichbar mit (7) für den Fall $\alpha = 2$.

---
[12]Konvergenz in Wahrscheinlichkeit, siehe A.3

4. Funktionaler Zentraler Grenzwertsatz

In der Praxis interessiert man sich häufig neben festen Bestandsgrößen auch für Entwicklung und Konvergenz von *Summenprozessen unabhängig identisch verteilter Zufallsvariablen*.
In diesem Kapitel werden wir deshalb versuchen, die Aussage des zentralen Grenzwertsatzes auf das Gebiet der *stochastischen Prozesse* zu übertragen. Das wichtigste Ergebnis wird hier der *Funktionale Zentrale Grenzwertsatz* sein. Wir werden an Beispielen sehen, wie diese Ergebnisse Anwendung in der Finanzmathematik finden und außerdem noch auf den Fall allgemeiner Anziehungsbereiche eingehen.

Die Unterkapitel 4.2 und 4.3 orientieren sich inhaltlich stark an Embrecht et al ([3], Kapitel 2.4). Die vorkommenden Grafiken wurden alle eigenständig erstellt.

4.1. Grundlagen stochastischer Prozesse

Zunächst ist es sinnvoll, kurz in die Grundlagen *stochastischer Prozesse* einzuführen, die für das Verständnis der nachfolgenden Ergebnisse benötigt werden.
Wie der Name bereits andeutet, sind stochastische Prozesse mathematische Modelle zur Beschreibung zeitlich oder räumlich geordneter, zufälliger Vorgänge, die abseits der reinen Mathematik zum Beispiel auch in der Physik und der Biologie angewandt werden. Hierbei sollen alle möglichen Entwicklungen eines Systems, das sich zu jedem Zeitpunkt auf Zufallsvariablen zurückführen lässt, durch eine geeignete, zeitpunktabhängige Repräsentation nachvollzogen werden. Formal betrachten wir eine Familie von Zufallsvariablen X_t, die durch den Zeitparameter t gekennzeichnet sind.

Definition 4.1 (Stochastischer Prozess; vgl. Krengel ([6], S.195))
Sei $(\Omega, \mathbb{A}, P)$ ein Wahrscheinlichkeitsraum, T eine nichtleere Indexmenge und $(I, \mathbb{I})$ ein messbarer Raum. Eine Familie $X_t, t \in T$ von Zufallsvariablen mit Werten in I heißt stochastischer Prozess mit Parameterbereich T und Zustandsraum I. □

Neben der grundlegenden Definition müssen wir noch einige Begriffe und Eigenschaften klären, die diese mit sich bringt.

Bemerkung 4.2 (Begriffe und Eigenschaften)
Sei X_t ein stochastischer Prozess mit Parameterbereich T und Zustandsraum I.

(i) Für alle $t \in T$ repräsentieren die Zufallsvariablen X_t den *Zustand des Prozesses zum Zeitpunkt t*.

(ii) Für alle $s, t \in T$ mit $s < t$ heißen die Zufallsvariablen

$$X_t - X_s$$

Zuwächse des Prozesses.

(iii) Die Abbildungen
$$X(\cdot,\omega)\colon T \to Z,$$
$$t \mapsto X(t,\omega) = X_t(\omega)$$
heißen *Pfade* oder auch *Realisierungen* des Prozesses und repräsentieren einen möglichen Verlauf. Wir meinen im Folgenden auch die Pfade, wenn wir von den *Werten* eines Prozesses sprechen.

(iv) Ist T endlich oder abzählbar, so heißt der Prozess *zeitdiskret*, ansonsten *zeitstetig*.

□

Zwei für unsere Zwecke besonders wichtige Eigenschaften betreffen die Zuwächse eines Prozesses.

Definition 4.3 (unabhängige, stationäre Zuwächse)
Sei $\xi = (\xi_t)_{0 \leq t \leq 1}$ ein stochastischer Prozess auf $[0,1]$. Dann hat ξ

(i) unabhängige Zuwächse, falls für alle Zeitpunkte $0 \leq t_0 < t_1 < ... < t_m \leq 1$ und alle $m \geq 1$ die Zuwächse $\xi_{t_1} - \xi_{t_0}, ..., \xi_{t_m} - \xi_{t_{m-1}}$ stochastisch unabhängig sind und

(ii) stationäre Zuwächse, falls für alle $0 \leq s < t \leq 1$ die Verteilungen $\xi_t - \xi_s$ und ξ_{t-s} die gleiche Verteilung besitzen.

□

Bei einem Prozess mit unabhängigen und stationären Zuwächsen ist damit jede Bewegung beliebiger Länge zu jedem beliebigen Zeitpunkt komplett unabhängig vom Rest des Prozesses, der Prozess ist "gedächtnislos".
Falls so ein Prozess noch Pfade annimmt, die rechtsseitig stetig mit Grenzwert von links sind[13], wird er *Lévy-Prozess* genannt.

Abschließend betrachten wir zur Veranschaulichung noch zwei Beispiele.

Beispiel 4.4 (Random Walk)
Ein sehr bekanntes und simples Beispiel eines *zeitdiskreten*[14] stochastischen Prozesses ist der sogenannte *Random Walk* $(R_0, ..., R_n), n \in \mathbb{N}$, im Deutschen auch oft *Irrfahrt* genannt. Dieser Prozess startet bei 0 und hat *unabhängige, stationäre* Zuwächse. Er kann damit definiert werden durch

$$R_t = R_0 + \sum_{k=1}^{t} Z_k, \quad t = 0, ..., n,$$

wobei die Z_k unabhängig identisch verteilte Zufallsvariablen sind und die Zuwächse der Länge 1 repräsentieren. Abhängig von der Verteilung dieser Zuwächse ergeben sich dabei unterschiedliche Prozesse, von denen wir zwei betrachten wollen:

---
[13]Diese Voraussetzung kann man auch kürzer durch die Forderung von Pfaden in $\mathbb{D}[0,1]$ (siehe A.18) formulieren, dazu mehr im nachfolgenden Kapitel.
[14]Genauer gilt: $T \subset \mathbb{N}, I = \mathbb{N}$.

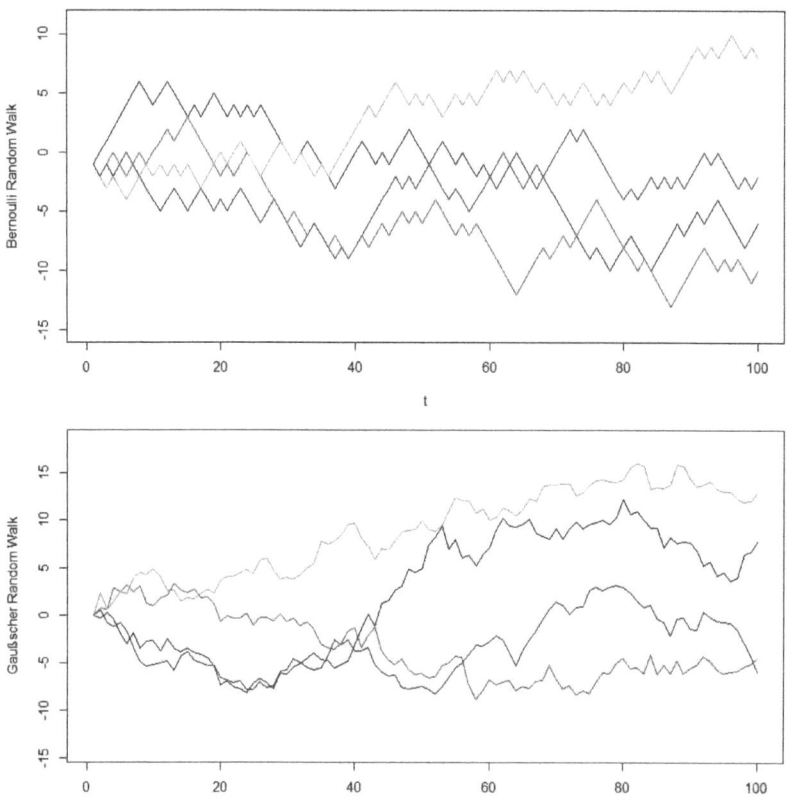

Abbildung 1: Vier Realisationen eines Random Walks mit bernoulliverteilten bzw. standardnormalverteilten Zuwächsen und 100 Schritten. Die Graphen wurden hier zu Veranschaulichungszwecken durch lineare Interpolation verbunden, eigentlich liegen hier reine Punktgraphen vor.

1. Beim *Bernoulli Random Walk* sind die Z_k *symmetrisch bernoulliverteilt* mit Ergebnisraum $\Omega = \{-1; 1\}$ [15]. Er beschreibt also eine Bewegung auf $\mathbb{Z}$, bei der in jedem Schritt mit gleicher Wahrscheinlichkeit eine Zahleneinheit nach oben oder unten gegangen wird.

2. Eine leichte Abwandlung hiervon stellt der *Gaußsche Random Walk* dar. Hier sind

---

[15] Also $P(Z_k = 1) = P(Z_k = -1) = 0.5$.

die Zuwächse standardnormalverteilt,

$$Z_k \sim N(0,1), \quad k = 1,...,n.$$

Neben der Schrittrichtung ist also auch die Schrittweite zufällig, weshalb die Bewegung auf $\mathbb{R}$ verläuft.

□

4.2. Funktionlaler zentraler Grenzwertsatz für $\alpha = 2$

Sei (X_n) eine Folge unabhängig identisch verteilter Zufallsvariablen mit $0 < \sigma^2 < \infty$ im Anziehungsbereich einer Normalverteilung. Wir werden in diesem Kapitel die Folge der Partialsummen (S_n) auf zwei Arten in einen stochastischen Summenprozess auf $T = [0,1]$ einbetten und einen Grenzprozess suchen, gegen den dieser für $n \to \infty$ konvergiert.
Es muss angemerkt werden, dass wir die Konvergenz stochastischer Prozesse als *schwache Konvergenz in einem metrischen Raum* bezüglich der angenommenen Pfade interpretieren (siehe hierzu Satz A.19 oder bei Bedarf den ganzen Abschnitt A.5). Wir werden deshalb bei jedem in diesem Teilkapitel eingeführten Prozess auch überprüfen müssen, in welchem Raum die angenommen Pfade liegen.

Sei $S_n(.)$ ein Prozess auf $[0,1]$, sodass gilt

$$S_n(k/n) = \frac{1}{\sigma\sqrt{n}}(S_k - \mu k), \quad k = 0,...,n. \tag{8}$$

Man sieht leicht, dass wir zum Zeitpunkt 1 das standardisierte Stichprobenmittel erhalten. Die Pfade dieses Prozesses auf jedem Punkt von $[0,1]$ werden durch lineare Interpolation zwischen den Punkten $(k/n, S_n(k/n))$, $k = 0,...,2$ definiert. Sie sind rein optisch also "gebrochene Linien" (vergleiche Abbildung 2), aber durch diese Definition dennoch stetige Funktionen. Das bedeutet, dass $S_n(.)$ Werte in $\mathbb{C}[0,1]$[16], dem Vektorraum der stetigen Funktionen und potentiellen metrischen Raum für die Konvergenz, annimmt. Auf der Suche nach einem geeigneten Grenzprozess ist dabei folgende Beobachtung hilfreich:

Bemerkung 4.5 ($S_n(.)$ für standardnormalverteilte X)
Angenommen, (X_n) sei eine Folge unabhängig identisch verteilter Zufallsvariablen mit $X_i \sim N(0,1)$. Dann gilt

(i) S_n startet bei 0, denn

$$S_n(0) = \frac{S_0}{\sqrt{n}} = 0.$$

(ii) S_n ist zum Zeitpunkt k/n normalverteilt mit Erwartungswert 0 und Varianz k/n, denn aus den Regeln zur Faltung von Normalverteilungen (Satz A.12) folgt

$$S_n(k/n) = \frac{S_k - 0k}{1\sqrt{n}} = \frac{1}{\sqrt{n}}S_k \sim \frac{1}{\sqrt{n}}N(0,k) \sim N(0, \frac{k}{n}), \quad k = 0,...,n.$$

---
[16]Siehe A.17.

Abbildung 2: Fünf Pfade von $S_n(.)$ für standardnormalverteilte (X_n) auf [0,1]

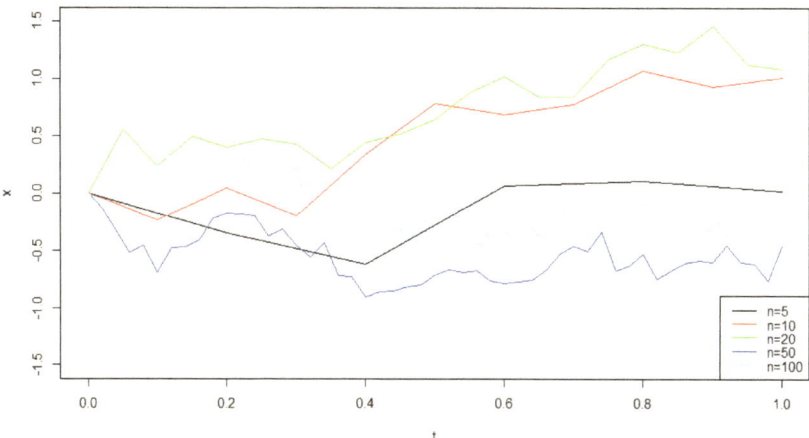

(iii) S_n hat zwischen den Punkten k/n stationäre Zuwächse, denn

$$S_n(k/n) - S_n(l/n) \sim N(0, \frac{k-l}{n}) \sim S_n(k-l, n), \quad l < k.$$

Wenn wir uns abgesehen davon nur auf diese (k/n) beschränken, dann sind die Zuwächse auch unabhängig.

(iv) S_n hat stetige Pfade.

Insgesamt erhalten wir so also einen Prozess mit stetigen Pfaden, der bei 0 startet und (bei Beschränkung auf die Punkte $(k/n)_{k=0,...,n}$) unabhängige, stationäre, normalverteilte Zuwächse mit Erwartungswert 0 und zunehmender Varianz besitzt. □

Diese Eigenschaften erinnern an eine "punktweise" Version einer der wichtigsten stochastischen Lévy-Prozesse. Die Rede ist von der sogenannten *Brownschen Bewegung*. Diese wurde erstmals 1827 von dem Botaniker Robert Brown entdeckt und sollte die zufällige, gedächtnislose Bewegung einzelner Teilchen in Flüssigkeiten oder Gasen beschreiben. 1923 wurde sie dann von dem Mathematiker Norbert Wiener als stochastischer Prozess modelliert und ist seitdem fester Bestandteil der Finanzmathematik. Streng genommen müsste man im mathematischen Kontext deshalb immer von einem *Wiener Prozess* sprechen. Da die Bezeichnung als Brownsche Bewegung allerdings auch im Bezug auf den beschreibenden Prozess geläufig ist, wird das in dieser Arbeit ebenfalls so gehandhabt. Definiert ist diese wie folgt:

Definition 4.6 (Brownsche Bewegung/ Wiener Prozess)
Sei $(B_t)_{t\in[0,1]}$ ein stochastischer Prozess, der die folgenden Voraussetzungen erfüllt:

(i) $B_0 = 0$ fast sicher

(ii) B hat unabhängige Zuwächse

(iii) B hat stationäre, normalverteilte Zuwächse, insbesondere gilt

$$B_t - B_s \sim B_{t-s} \sim N(0, t-s), \quad t > s$$

(iv) Die Pfade sind stetig mit Wahrscheinlichkeit 1, liegen also in $\mathbb{C}[0,1]$

Dann heißt der Prozess (Standard-)Brownsche Bewegung *oder* Wiener Prozess *auf [0,1].* □

Aus Voraussetzung (iii) folgt offensichtlich auch

$$B_t =\, ^{17}B_t - B_0 \sim B_{t-0} \sim N(0,t) \quad \text{für alle t} \in [0,1], \tag{9}$$

B_t ist also zu jedem Zeitpunkt t normalverteilt mit Erwartungswert 0 und Varianz t.

Die in 4.6 angegebene Definition ist nur eine von vielen möglichen Kombinationen verschiedener Voraussetzungen, die sich gegenseitig bedingen. So ist es zum Beispiel auch weit verbreitet, die in (9) gezeigte Eigenschaft statt Forderung (iii) anzugeben. Die Form der Zuwächse kann dann über die Charakteristischen Funktionen gezeigt werden.
Eine minimalistische Definition ist auch die als *Prozess mit unabhängigen, stationären Zuwächsen und fast sicher stetigen Pfaden*. Aus diesen Eigenschaften folgt, dass die Zuwächse und Zeitpunkte wie angegeben normalverteilt sein müssen.

Auch wenn wir die Konvergenz der Prozesse noch nicht genau formuliert haben, lässt sich an Abbildung 2, die auch als Visualisierung des späteren Satzes 4.7 dienen soll, bereits erkennen, dass sich die Pfade von $S_n(.)$ für standardnormalverteilte X optisch für hohe n denen einer Brownschen Bewegung annähern.

Als Nächstes definieren wir noch einen weiteren Summenprozess, der keine Werte in $\mathbb{C}[0,1]$, sondern in $\mathbb{D}[0,1]$, der Menge der sogenannten *Càdlàg-Funktionen*[18] auf dem Intervall $[0,1]$, annimmt. Càdlàg ist ein französisches Akronym für *continue à droite, limite à gauche* und dementsprechend sind Funktionen in $\mathbb{D}[0,1]$ rechtsstetig und besitzen einen Grenzwert von links in jedem Punkt des Intervalls. Sie können als "Sprunggraphen" bezeichnet werden, die zwar zeitweise stetig sind, aber Sprungstellen besitzen können.

---

[17]Da $B_0 = 0$ nach Voraussetzung (i).
[18]Siehe A.18.

Abbildung 3: Fünf Pfade einer Brownschen Bewegung auf [0,1]

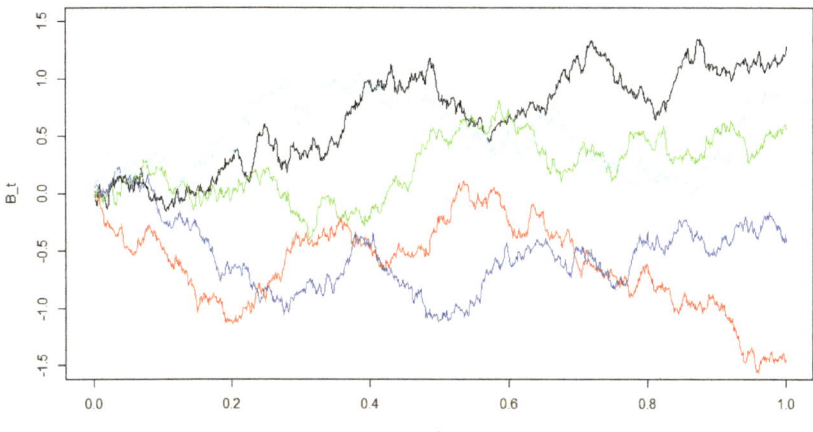

Wir definieren den Prozess $\tilde{S}_n(.)$ durch

$$\tilde{S}_n(t) = \frac{1}{\sigma\sqrt{n}}\left(S_{[nt]} - \mu[nt]\right), \quad 0 \leq t \leq 1, \tag{10}$$

wobei $[x] = \max\{k \in \mathbb{Z} : k \leq x\}$ den ganzzahligen Teil von $x \in \mathbb{R}$ bezeichnet.

Genau wie $S_n(.)$[19] hat auch $\tilde{S}_n(.)$ unabhängige, normalverteilte Zuwächse, falls X normalverteilt ist.

Man sieht weiterhin direkt an der Darstellung in (10), dass $S_n(t)$ und $\tilde{S}_n(t)$ für alle $t = k/n$, $k = 0, ..., n$ äquivalent sind. Der Unterschied ist hier, dass die Verteilung von $\tilde{S}_n(t)$ für alle $t \in [0,1]$ definiert ist, es gilt

$$\tilde{S}_n(t) \sim S_n(k/n), \quad \text{für alle } t \in [k/n, (k+1)/n), \quad k = 0, ..., n-1.$$

Die Pfade von $\tilde{S}_n(.)$ werden hier direkt und nicht mehr durch lineare Interpolation definiert und sind nicht mehr stetig, sondern haben an den Punkten $(k/n)_{k=0,...,n}$ potentielle Sprungstellen, was ebenfalls direkt aus der Darstellung in (10) folgt. Hier verändert sich nämlich der Inhalt der Gaußklammern und damit die Verteilung der Zeitpunkte. Sie sind rechtsstetig in jedem Punkt in $[0,1)$ und es existiert der linksseitige Grenzwert für jeden

---

[19]Siehe Bemerkung 4.5.

Punkt in $(0,1]$. Die Pfade liegen also wie zuvor festgelegt in $\mathbb{D}[0,1]$.

Alles was uns zur Formulierung des zentralen Satzes dieses Kapitels noch fehlt, sind geeignete Metriken, mittels derer wir die Konvergenz der beiden Prozesse definieren können.
In $\mathbb{C}[0,1]$ wird hier üblicherweise die Supremumsnorm

$$\|x\| = \sup_{0 \leq t \leq 1} |x(t)|, \quad x \in \mathbb{C}[0,1] \tag{11}$$

verwendet.
$\mathbb{D}[0,1]$ kann mit verschiedenen Metriken belegt werden. Da der angestrebte Grenzprozess Werte in $\mathbb{C}[0,1]$ annimmt, können wir hier wegen Satz A.20 ohne Einschränkungen ebenfalls die Supremumsnorm (11) verwenden.

Damit sind wir bereit, den *Funktionalen Zentralen Grenzwertsatz* zu formulieren, der nach seinem Urheber Monroe David Donsker auch oft als *Donsker invariance principle* bezeichnet wird.

Satz 4.7 (Funktionaler zentraler Grenzwertsatz (FZGS)/ Donsker invariance principle)
Sei $E[X^2] < \infty$. Dann gilt:

(i) $S_n(.) \xrightarrow{d} B$. in $\mathbb{C}[0,1]$ (ausgerüstet mit sup-Norm und der von den offenen Teilmengen erzeugten σ-Algebra) und

(ii) $\tilde{S}_n(.) \xrightarrow{d} B$. in $\mathbb{D}[0,1]$ (ausgerüstet mit sup-Norm und der von den offenen Bällen erzeugten σ-Algebra).

$\square$

Ein sehr ausführlicher, maßtheoretischer Beweis für den schwierigeren Fall (ii), der auch auf Fall (i) übertragbar ist, findet sich beispielsweise in Billingslex([1], Abschnitt 16).

Der FZGS ist auch deshalb so ein mächtiges Werkzeug, weil er zeigt, dass man auch umgekehrt Prozesse, die in irgendeiner Form auf Summen unabhängiger Zufallsvariablen zurückzuführen sind, durch die Brownsche Bewegung approximieren kann. Ein Resultat dieser Beobachtung ist beispielsweise das bekannte *Black-Scholes-Modell* zur Bewertung von Finanzsystemen.

Beispiel 4.8 (Black-Scholes-Modell)
Dieses wurde 1973 von Fischer Black und Myron Samuel Scholes veröffentlicht und approximiert den Preis einer risikoreichen Anlage (z.B. eines Aktiendepots) durch eine geometrische Brownsche Bewegung[20]

$$X_t = \exp\{ct + \sigma B_t\},$$

---
[20]Siehe A.24.

wobei $\sigma > 0$ Volatilität des Basiswertes, t eine Zeitvariable und c eine Konstante sind. Der Denkansatz, der dieser Gleichung zugrunde liegt, ist, dass der logarithmische Preis $\ln X_t$ von vielen verschiedenen, unabhängigen Handlungen und Entscheidungen aus Wirtschaft und Politik oder sogar einzelner Wirtschaftssubjekte abhängig ist und damit als Summenprozess verstanden werden kann. Die geometrische Brownsche Bewegung kann tatsächlich auch als Grenzprozess des *Binomialmodells von Cox-Ross-Rubinstein* angesehen werden. □

Bemerkung 4.9 (Brownsche Bewegung und Random Walk)
Aus dem FZGS folgt auch, dass ein direkter Zusammenhang zwischen den in Beispiel 4.4 vorgestellten Random Walks und der Brownschen Bewegung besteht:

- Der Gaußsche Random Walk ist im Prinzip eine zeitdiskrete Version der Brownschen Bewegung. Die Zuwächse und Zeitpunkte sind hier exakt gleich definiert, nur eben für $t \in \mathbb{N}$ statt $t \in [0,1]$. Eine Möglichkeit, den Gaußschen Random Walk auf das stetige Zeitintervall zu übertragen, ist die Normierung auf ebendieses und kann durch das Einsetzen der Zuwächse (unabhängige standardnormalverteilte Zufallsvariablen) in $S_n(.)$ wie in Bemerkung 4.5 gelöst werden (siehe wieder Abbildung 2).

- Auf die gleiche Art und Weise kann die Brownsche Bewegung auch durch einen Bernoulli Random Walk approximiert werden, indem $S_n(.)$ für unabhängige symmetrischbernoulliverteilte (X_n) mit Werten ± 1 betrachtet wird. Es gilt dann $E[X_i] = 0$ und $V[X_i] = 1$ und damit

$$S_n(k/n) = \frac{S_k}{\sqrt{n}}.$$

Für die Zuwächse gilt

$$S_n(k/n) - S_n(l/n) = \frac{S_k - S_l}{\sqrt{n}}, \quad l < k. \tag{12}$$

Sie sind insbesondere *binomialverteilt* mit Versuchsanzahl $k-l$ und wir können die Brownsche Bewegung auf diese Weise durch die Partition $(0, 1/n, 2/n, ..., 1)$ und schrittweise Addierung der Zuwächse mit Länge $1/n$ annähern (vergleiche Abbildung 4).
Wenn wir hierbei jeden Schritt als Ergebnis eines einfachen Zufallsexperiments mit zwei Ausgängen interpretieren, erlaubt uns diese Methode, einen der wichtigsten stochastischen Prozesse der modernen Mathematik händisch z.B. durch *faire Münzwürfe* zu simulieren.
Hierbei muss aber erwähnt werden, dass diese Approximation weniger genau ist als die durch den Gaußschen Random Walk. Während bei letzterem jeder noch so kleine Zuwachs $S_n(k/n) - S_n(l/n)$ bereits per Definition normalverteilt ist, konvergieren die binomialverteilten Zuwächse hier zwar für feinere Partitionen gegen Normalverteilungen, wir finden aber immer eine so kleine Schrittweite $(k'-l')/n$, dass alle Zuwächse dieser Länge nicht normalverteilt sind.

Abbildung 4: Fünf Pfade einer durch jeweils 1000 "Münzwürfe" simulierten Brownschen Bewegung auf [0,1]. Am vergrößerten Bereich erkennt man, dass die kleinsten Zuwächse nicht normalverteilt sind.

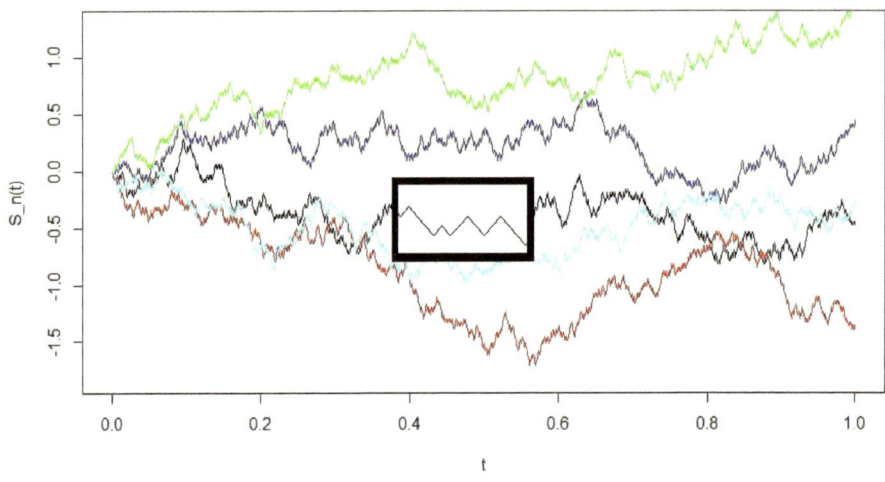

$\square$

Mithilfe des *continuous mapping theorem* (siehe Satz A.22) kann aus dem funktionalen Grenzwertsatz noch ein weiteres Ergebnis hergeleitet werden, das im folgenden Korollar aufgeführt werden soll:

Korollar 4.10 (FZGS und continuous mapping theorem)
Seien $f_1(f_2)$ stetig außer evtl. auf einer Teilmenge $A \subseteq \mathbb{C}[0,1] (A \subseteq \mathbb{D}[0,1])$, für die $P(B_. \in A) = 0$ gilt. Unter Annahme des FZGS können wir

$$f_1(S_n(.)) \xrightarrow{d} f_1(B_.)$$

und

$$f_2(\tilde{S}_n(.)) \xrightarrow{d} f_2(B_.)$$

schreiben. $\square$

Das Korollar folgt offensichtlich direkt aus den Sätzen 4.7 und A.22.
Die Bedeutung dieses Ergebnisses wird an den folgenden Beispielen deutlich:

Beispiel 4.11 (FZGS und continuous mapping theorem)
Wir werden in diesen Beispielen durch die geschickte Wahl geeigneter stetiger Funktionen weitere Ergebnisse und Einsatzmöglichkeiten aus dem FZGS folgern.

(i) Wir betrachten nun $f : \mathbb{D}[0,1] \to \mathbb{R}^m$ mit
$$f(x) = (x_{t_1}, ..., x_{t_m})$$
für eine beliebige Partition $0 \leq t_1 < ... < t_m \leq 1$.
f ist stetig für $x \in \mathbb{C}[0,1]$ und nach Korollar 4.10 gilt

$$f(S_n(.)) = (S_n(t_1), ..., S_n(t_m)) \xrightarrow{d} f(B.) = (B_{t_1}, ..., B_{t_m}),$$

$$f(\tilde{S}_n(.)) = (\tilde{S}_n(t_1), ..., \tilde{S}_n(t_m)) \xrightarrow{d} f(B.) = (B_{t_1}, ..., B_{t_m}).$$

Das bedeutet, dass die schwache Konvergenz der Prozesse $S_n(.)$ und $\tilde{S}_n(.)$ auch die Konvergenz deren endlichdimensionalen Verteilungen impliziert.

(ii) Des Weiteren können wir folgende Funktionale [21] für die Endverteilung, das Supremum und das Infimum betrachten, die auf beiden Räumen $\mathbb{C}[0,1]$ und $\mathbb{D}[0,1]$, weiterhin ausgerüstet mit der Supremumsnorm, stetig sind:

$$f_1(x) = x(1), \quad f_2(x) = \sup_{0 \leq t \leq 1} x, \quad f_3(x) = \inf_{0 \leq t \leq 1} x.$$

Angewandt auf die Summenprozesse ergibt sich hierbei

$$f_1(S_n(.)) = f_1(\tilde{S}_n(.)) = \frac{1}{\sigma\sqrt{n}} (S_n - n\mu),$$
$$f_2(S_n(.)) = f_2(\tilde{S}_n(.)) = \frac{1}{\sigma\sqrt{n}} \max_{0 \leq k \leq n} (S_k - k\mu),$$
$$f_3(S_n(.)) = f_3(\tilde{S}_n(.)) = \frac{1}{\sigma\sqrt{n}} \min_{0 \leq k \leq n} (S_k - k\mu).$$

Weiterhin ist auch die multivariate Funktion (f_1, f_2, f_3) stetig auf $\mathbb{C}[0,1]$ und $\mathbb{D}[0,1]$ und aus Korollar 4.10 erhalten wir

$$\frac{1}{\sigma\sqrt{n}} \left(S_n - n\mu, \max_{0 \leq k \leq n} (S_k - k\mu), \min_{0 \leq k \leq n} (S_k - k\mu) \right)$$
$$\xrightarrow{d} \left(B_1, \max_{0 \leq t \leq 1} B_t, \min_{0 \leq t \leq 1} B_t \right). \tag{13}$$

Die multivariate Verteilung von B_1, dem Minimum und dem Maximum der Brownschen Bewegung auf $[0,1]$ wie in (13) ist weithin bekannt. Dadurch können im Bezug auf diese Eckdaten Rückschlüsse für Prozesse gezogen werden, die sich auf Summenprozesse unabhängiger Zufallsvariablen interpretieren lassen und somit (13) erfüllen.

---

[21] Hier: Funktionen aus $\mathbb{C}[0,1]$ bzw. $\mathbb{D}[0,1]$ in den zugrundeliegenden Grundkörper (in der Regel $\mathbb{R}$).

Die Ergebnisse aus (i) und besonders (ii) werden in der Praxis in beide Richtungen verwendet: Zum einen, um bestimmte Eigenschaften des Grenzprozesses durch die geschickte Wahl von Funktionalen aus konvergierenden und leicht zu klassifizierenden Prozessen herzuleiten. Ein solcher Prozess wäre zum Beispiel $S_n(.)$ für Bernoulliverteilte (X_n) wie in Bemerkung 4.9 angesprochen.
Zum anderen können Eigenschaften konvergierender, komplexerer Summenprozesse, wie in (ii) beschrieben, aus den Eigenschaften des Grenzprozesses hergeleitet werden. □

Wie man an diesen Beispielen sieht, ist Korollar 4.10 ein sehr mächtiges Werkzeug, wenn es um die Verhaltensanalyse von Prozessen geht. Bei der Findung von neuen Anwendungen ist der schwierigste Teil in der Regel der Beweis, dass bestimmte Funktionale auf $\mathbb{C}[0,1]$ und $\mathbb{D}[0,1]$ stetig sind.

4.3. Funktionaler zentraler Grenzwertsatz für $\alpha \neq 2$

Wie in Bemerkung 2.4 festgehalten, stellen Normalverteilungen einen Spezialfall der α-stabilen Verteilungen dar, nämlich den für $\alpha = 2$. Analog dazu ist auch die Brownsche Bewegung ein Spezialfall der sogenannten *α-stabilen Bewegungen*. Diesen stochastischen Prozessen wollen wir uns nun widmen und von ihnen ausgehend eine allgemeinere Version des FZGS formulieren.

Definition 4.12 (α-stabile Bewegung)
Ein stochastischer Prozess $(\xi_t)_{0 \leq t \leq 1}$ mit Pfaden in $\mathbb{D}[0,1]$ heißt α-stabile Bewegung, falls folgende Eigenschaften eintreten:

(i) Er beginnt bei null: $\xi_0 = 0$ fast sicher.

(ii) Er hat unabhängige, stationäre Zuwächse.

(iii) Für alle $t \in [0,1]$ hat ξ_t eine α- stabile Verteilung mit fixierten Parametern $\beta \in [-1,1]$ und $\gamma = 0$ in der spektralen Repräsentation[22].

□

Wie bereits angedeutet, ist die Brownsche Bewegung nach dieser Definition eine 2-*stabile Bewegung*, da wir für $\alpha = 2$ wieder den Fall unabhängiger, stationärer und normalverteilter Zuwächse erhalten, was stetige Pfade impliziert.
Dies ist allerdings auch der einzige Fall, für den eine α-stabile Bewegung stetige Pfade annimmt. Aus Korollar 2.8 wissen wir nämlich, dass α-stabile Verteilungen und damit die Zuwächse einer α-stabilen Bewegung keine endliche Varianz besitzen, falls $\alpha < 2$, im Fall $\alpha < 1$ sogar keinen endlichen Erwartungswert. Wir erwarten hier also Sprungstellen in den Graphen.

---
[22]Vergleiche spektrale Darstellung stabiler Verteilungen, Satz 2.2.

Abbildung 5: Veranschaulichung von jeweils vier Pfaden einer α-stabilen Bewegung (ξ_t) auf [0,1], für $\alpha = 1.8$, $\alpha = 1.0$ und $\alpha = 0.5$

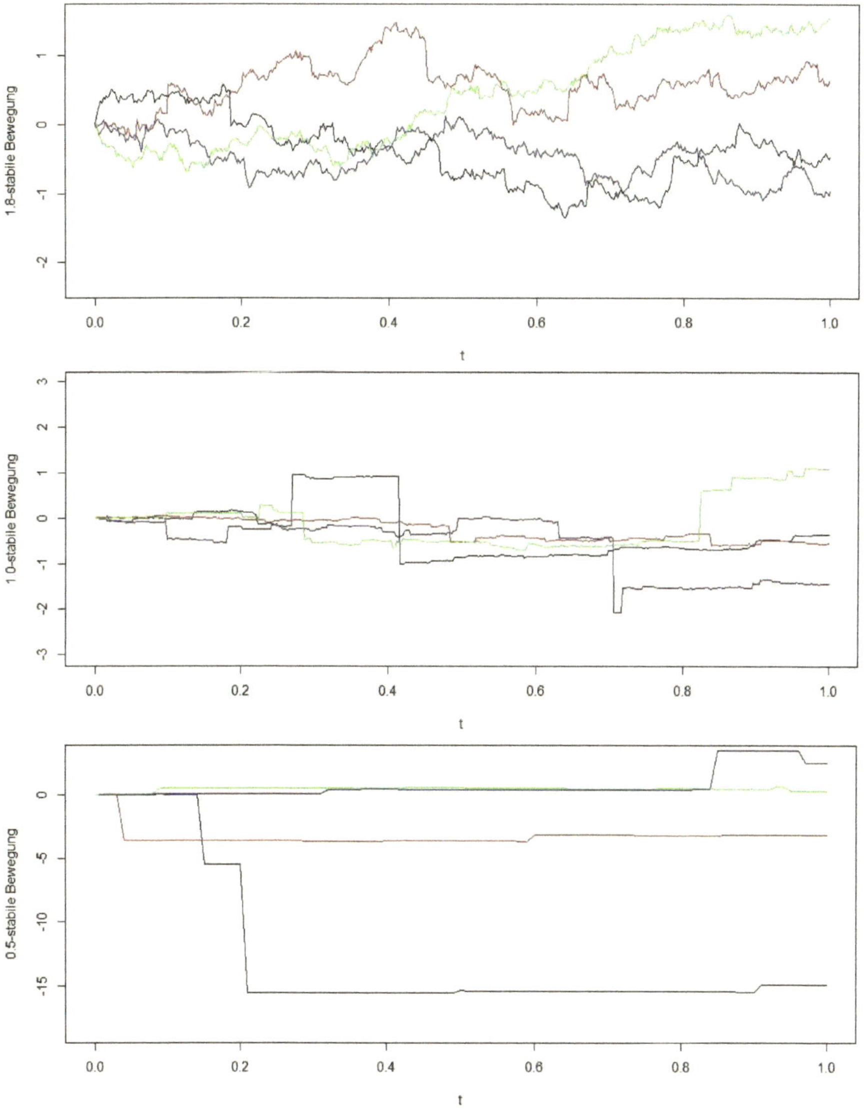

Tatsächlich erhalten wir größere und häufigere Sprungstellen, je kleiner α ist. Bei den simulierten Pfaden in Abbildung 5, vor allem bei dem Fall $\alpha = 0.5$ wirkt es, als würden die Graphen zwischen den deutlich sichtbaren Sprungstellen stetig, teilweise sogar konstant, verlaufen. Das ist ein Trugschluss und kommt daher, dass die Sprünge teilweise zu klein sind, um sie auf der gewählten Skala noch erkennen zu können.

Die Definition der Zuwächse ist hier im Vergleich zu früher vorgestellten Prozessen noch ziemlich vage. Um sie genauer einordnen zu können, benötigen wir die nächste Proposition.

Proposition 4.13
Für eine α-stabile Bewegung $(\xi_t)_{0 \leq t \leq 1}$ gilt :

$$\xi_t - \xi_s \stackrel{d}{=} (t-s)^{1/\alpha}\xi_1, \quad 0 \leq s < t \leq 1 \tag{14}$$

und damit insbesondere

$$\xi_t \stackrel{d}{=} t^{1/\alpha}\xi_1, \text{ für } s = 0. \tag{15}$$

$\square$

Beweis:
Die folgende Beweisidee beruht auf Embrecht et al ([3], S.93)
Wir wissen bereits, dass eine Verteilung durch ihre charakteristische Funktion eindeutig beschrieben wird (siehe dazu A.8 und A.9).
Aus Bedingung (iii) der Definition 4.12 folgt außerdem, dass die charakteristische Funktion, die in der Spektraldarstellung wie in Satz 2.2 angegeben werden kann, und damit auch die Verteilung von ξ_t zu jedem Zeitpunkt $t \in [0,1]$ eindeutig durch die Konstante $c = c_t$ bestimmt werden kann, da alle anderen Bestandteile fix sind. Die Proposition kann also auch umgeformt werden in

$$\phi_{\xi_t - \xi_s}(\lambda) = \phi_{(t-s)^{1/\alpha}\xi_1}(\lambda), \quad 0 \leq s < t \leq 1,$$

was genau dann gilt, wenn die verteilungsbestimmenden Konstanten beider Seiten gleich sind.
Wir betrachten nun zunächst die charakteristische Funktion von $(t-s)^{1/\alpha}\xi_1$. Es gilt:

$$\phi_{(t-s)^{1/\alpha}\xi_1}(\lambda) = E[e^{i(t-s)^{1/\alpha}\lambda\xi_1}] = \exp\left\{-c_1\left|(t-s)^{\frac{1}{\alpha}}\lambda\right|^\alpha \left(1 - i\beta \, sign\big((t-s)^{\frac{1}{\alpha}}\lambda\big) \, z(\lambda, \alpha)\right)\right\},$$

wobei $c_1 > 0$ die verteilungsbestimmende Konstante zu ξ_1 ist.
$(t-s)^{\frac{1}{\alpha}}$ ist wegen $s < t$ auf jeden Fall positiv, weshalb $sign((t-s)^{\frac{1}{\alpha}}\lambda) = sign(\lambda)$ gilt. Daraus folgt

$$\phi_{(t-s)^{1/\alpha}\xi_1}(\lambda) = \exp\left\{-c_1(t-s)\left|\lambda\right|^\alpha \left(1 - i\beta \, sign(\lambda) z(\lambda, \alpha)\right)\right\}. \tag{16}$$

$(t-s)c_1 > 0$ ist also die verteilungsbestimmende Konstante zu $(t-s)^{1/\alpha}\xi_1$.

Als nächstes betrachten wir $\xi_t - \xi_s$. Wegen der in Definition 4.12 vorausgesetzten stationären Zuwächse gilt:

$$\phi_{\xi_t-\xi_s}(\lambda) = E[e^{\xi_t-\xi_s}] = \exp\left\{-(c_t - c_s)\,|\lambda|^\alpha \left(1 - i\beta\,sign(\lambda)\,z(\lambda,\alpha)\right)\right\}$$
$$= \phi_{\xi_{t-s}}(\lambda) = E[e^{\xi_{t-s}}] = \exp\left\{-c_{t-s}\,|\lambda|^\alpha \left(1 - i\beta\,sign(\lambda)\,z(\lambda,\alpha)\right)\right\},$$

wobei $c_t, c_s, c_{t-s} > 0$ die verteilungsbestimmenden Konstanten von ξ_t, ξ_s bzw. ξ_{t-s} sind. Hieraus ergibt sich die Gleichung

$$c_t - c_s = c_{t-s}, \quad 0 \leq s < t \leq 1.$$

Diese lässt sich auf ein *Cauchy-Funktional* der Form $f(x)+f(y) = f(x+y)$ zurückführen und die wohlbekannte Lösung hierzu ist $c_{t'} = ct'$, $t' \in [0,1]$ für eine Konstante $c > 0$. Hieraus folgt insbesondere

$$c_{t-s} = c(t-s), \quad 0 \leq s < t \leq 1, \quad c > 0,$$

was für die Wahl $c = c_1$ der verteilungsbestimmenden Konstante in (16) entspricht. Dies beweist die Proposition. □

Proposition 4.13 erlaubt folgende teleskopische Umformung, mit der eine anschauliche Umschreibung des Prozessverlaufes angegeben werden kann, die auch für die Simulation der Pfade in Abbildung 5 verwendet wurde:

$(\xi_{t_1}, \xi_{t_2}, ..., \xi_{t_m})$
$= (\xi_{t_1},\ \xi_{t_1} + (\xi_{t_2} - \xi_{t_1}),\ ...,\ \xi_{t_1} + (\xi_{t_2} - \xi_{t_1}) + ... + (\xi_{t_m} - \xi_{t_{m-1}}))$
$\stackrel{d}{=} \left(t_1^{1/\alpha} Y_1,\ t_1^{1/\alpha} Y_1 + (t_2 - t_1)^{1/\alpha} Y_2,\ ...,\ t_1^{1/\alpha} Y_1 + (t_2 - t_1)^{1/\alpha} Y_2 + ... + (t_m - t_{m-1})^{1/\alpha} Y_m\right),$

für $0 \leq t_1 < ... < t_m \leq 1$ und unabhängig identisch verteilten, α-stabilen ZV $Y_1, ..., Y_m$ mit $Y_1 \stackrel{d}{=} \xi_1$.

Hierbei wurden im ersten Schritt die stationären Zuwächse genutzt, um den Prozess als kummulierte Summe der Zuwächse zu beschreiben. Anschließend wurde für diese Zuwächse die in Proposition 4.13 erlangte Form (14) verwendet.

Alternativ kann man auch die Gleichung (4.13) anwenden, um den Prozessverlauf zu jedem Zeitpunkt durch den Endzustand ξ_1 darzustellen, falls dieser bekannt ist:

$$(\xi_{t_1}, \xi_{t_2}, ..., \xi_{t_m}) \stackrel{d}{=} \left(t_1^{1/\alpha} \xi_1, t_2^{1/\alpha} \xi_1, ..., t_m^{1/\alpha} \xi_1\right).$$

Am Ende dieses Kapitels formulieren wir schließlich noch den stabilen FZGS für (X_n) im Anziehungsbereich einer α-stabilen Verteilung, der eine Verallgemeinerung des FZGS wie in 4.7 ist.

Satz 4.14 (Stabiler Funktionaler Zentraler Grenzwertsatz)
Seien (X_n) unabhängig identisch verteilte Zufallsvariablen im Anziehungsbereich einer α-stabilen Zufallsvariable Z_α mit Parameter $\gamma = 0$. Sei

$$(n^{1/\alpha}L(n))^{-1}(S_n - a_n) \xrightarrow{d} Z_\alpha, \quad n \to \infty \qquad (17)$$

für eine geeignete langsam variierende Funktion L und Zentrierungskonstanten a_n wie in 2.10. Dann konvergiert der Prozess

$$(n^{1/\alpha}L(n))^{-1}(S_{[nt]} - a_{[nt]}), \quad 0 \leq t \leq 1 \qquad (18)$$

schwach gegen eine α-stabile Bewegung $(\xi_t)_{0 \leq t \leq 1}$ und $\xi_1 = Z_\alpha$. □

Die Voraussetzung (17) ist, einfacher ausgedrückt, die Erfüllung des zentralen Grenzwertsatzes für allgemeine α (vergleiche dazu Satz 2.11). Der Prozess (18) ist eine Verallgemeinerung des Prozesses $\tilde{S}_n(.)$ aus Kapitel 4.2 mit allgemeinen Konstanten $b_n = n^{1/\alpha}L(n)$ und a_n wie in 2.10. Genau wie bei $\tilde{S}_n(.)$ werden hier auch Pfade in $\mathbb{D}[0,1]$ angenommen.

Unter Konvergenz wird damit schwache Konvergenz in $\mathbb{D}[0,1]$, hier ausgerüstet mit der $J_1 - Metrik$[23] und der durch die offenen Mengen erzeugten $\alpha - Algebra$, verstanden.

Bemerkung 4.15 (stabiler FZGS und continuous mapping theorem)
Die Ergebnisse im Zusammenhang mit dem continuous mapping theorem, die in Beispiel 4.11 aufgeführt wurden, lassen sich auch auf stabile Bewegungen übertragen, indem wir die Brownsche Bewegung als Grenzprozess durch eine allgemeine α-stabile Bewegung ersetzen. □

---

[23]Vergleiche dazu A.21.

5. Zusammenfassung und Ausblick

In dieser Arbeit wurden einige Ergebnisse besprochen, die auf dem zentralen Grenzwertsatz aufbauen und das Ziel haben, diesen in der Praxis zu einem brauchbaren Werkzeug zu machen. Nach einer kurzen Einführung in die Grundlagen haben wir im ersten großen Abschnitt versucht, dessen Aussage in Abhängigkeit der betrachteten Verteilungen zu verfeinern. Dabei haben wir zunächst durch den *Satz von Berry-Esséen*(Satz 3.1) gezeigt, dass die durchschnittliche Konvergenzgeschwindigkeit für X mit existierendem dritten Moment $1/\sqrt{n}$ beträgt.

Anschließend haben wir mit der *Edgeworth-Approximation* für X mit höheren Momenten eine Möglichkeit angegeben, G_n unter Berücksichtigung der Verteilungseigenschaften möglichst genau durch Φ und Zusatzterme zu approximieren.

Wir sind auch auf spezifische Ergebnisse aus dem Bereich der *großen Abweichungen* eingegangen, um die Wahrscheinlichkeit von untypischem Verhalten formal festzuhalten. Die Sätze, die wir hierbei angegeben haben, und Ableitungen aus diesen finden vor allem Anwendung in der Versicherungsmathematik und im Risikomanagement.

Im zweiten großen Abschnitt der Arbeit haben wir uns schließlich von der rein theoretischen Auseinandersetzung mit dem zentralen Grenzwertsatz entfernt und haben seine Konvergenzaussage auf das Gebiet der *stochastischen Prozesse* übertragen. Nach einer kurzen Einführung in dessen Grundlagen haben wir den *Funktionalen zentralen Grenzwertsatz* (Satz 4.7) formuliert. Er besagt, dass sich Prozesse, die sich in irgendeiner Form auf Summen unabhängig identisch verteilter Zufallsvariablen im Anziehungsbereich einer Normalverteilung zurückführen lassen, approximativ einer *Brownschen Bewegung* (Definition 4.6) annähern.

Als Verallgemeinerung hiervon wurde auch der *Stabile Funktionale zentrale Grenzwertsatz* (Satz 4.14) für Summenprozesse unabhängig identisch verteilter Zufallsvariablen im Anziehungsbereich einer α-stabilen Verteilung vorgestellt. Diese nähern sich approximativ einer *α-stabilen Bewegung* (Definition 4.12). Die beiden Ergebnisse sind unter anderem ein wichtiger Bestandteil der Versicherungsmathematik und bilden die Grundlage für Werkzeuge zur Bestimmung der Ruinwahrscheinlichkeit.

A. Anhang

Es folgen einige Definitionen und Sätze, die in dieser Arbeit benötigt werden.

A.1. Konvergenz von Zufallsvariablen

Zunächst müssen einige Konvergenzbegriffe im Bezug auf Zufallsvariablen geklärt werden. Diese sind dem Anhang von Embrecht et al ([3], Abschnitt A1) entnommen.

Definition A.1 (schwache Konvergenz)
Wir sagen, eine Folge von Zufallsvariablen (X_n) konvergiert schwach oder in Verteilung gegen die Zufallsvariable X, wenn für alle beschränkten und stetigen Funktionen f

$$E[f(X_n)] \to E[f(X)], \; n \to \infty$$

gilt. Wir schreiben

$$X_n \xrightarrow{d} X.$$

□

Für die Umformung der Konvergenzaussage in Kapitel 3.1 benötigen wir zusätzlich noch eine speziellere Darstellung der schwachen Konvergenz für reelle Zufallsvariablen unter Zuhilfenahme der Verteilungsfunktionen:

Definition A.2 (schwache Konvergenz reeller Zufallsvariablen)
Sei (X_n) eine Folge reeller Zufallsvariablen. Dann gilt $X_n \xrightarrow{d} X$ genau dann, wenn für die Verteilungsfunktionen F_{X_n} von X_n und F_X von X und für alle in F_X stetigen Punkte y gilt:

$$F_{X_n}(y) \to F_X(y), \; n \to \infty.$$

Falls F_X stetig ist, gilt:

$$\sup_x |F_{A_n}(x) - F_A(X)| \to 0, \; n \to \infty.$$

□

Definition A.3 (Konvergenz in Wahrscheinlichkeit)
Wir sagen, eine Folge von Zufallsvariablen (X_n) kovergiert in Wahrscheinlichkeit gegen X, wenn für alle $\epsilon > 0$

$$P(|X_n - X| > \epsilon) \to 0, \; n \to \infty$$

gilt. Wir schreiben

$$X_n \xrightarrow{p} X.$$

□

Definition A.4 (fast sichere Konvergenz)
Wir sagen, eine Folge (X_n) von Zufallsvariablen konvergiert fast sicher oder mit Wahrscheinlichkeit 1 gegen eine Zufallsvariable X, falls für fast alle $\omega \in \Omega$

$$X_n(\omega) \to X(\omega), \quad n \to \infty$$

gilt. Wir schreiben

$$X_n \xrightarrow{a.s.} X.$$

□

Für die Konvergenztypen gilt hierbei die Implikationskette

$$(X_n \xrightarrow{a.s.} X) \Rightarrow (X_n \xrightarrow{p} X) \Rightarrow (X_n \xrightarrow{d} X).$$

A.2. Attribute von Zufallsvariablen

Wir benötigen außerdem noch einige zusätzliche Eigenschaften von Verteilungen von Zufallsvariablen.
In den folgenden Definitionen ist X jeweils eine Zufallsvariable mit Erwartungswert μ und Standardabweichung σ.

Definition A.5 (zentrale Momente einer Zufallsvariablen)
Wir definieren den k-ten zentralen Moment von X als

$$\mu_k = E[(X - \mu)^k]$$

und den k-ten zentralen absoluten Moment von X als

$$\tilde{\mu}_k = E[|X - \mu|^k].$$

□

Definition A.6 (Schiefe einer Zufallsvariablen; vgl. Hesse ([4]), S.154)
Die Schiefe von X bezeichnet den dritten zentralen Moment von X, normiert auf die Standardabweichung σ

$$v(X) = \frac{\mu_3}{\sigma^3}$$

und beschreibt die Asymmetrie der Verteilung.

Wir nennen die Verteilung von X $\begin{cases} \text{linksschief für} & v(X) < 0 \\ \text{symmetrisch für} & v(X) = 0 \\ \text{rechtsschief für} & v(X) > 0. \end{cases}$

□

Definition A.7 (Kurtosis einer Zufallsvariablen; vgl. Hesse ([4]), S.154)
Die Kurtosis von X bezeichnet den vierten zentralen Moment von X, normiert auf die Standardabweichung σ
$$w(X) = \frac{\mu_4}{\sigma^4}$$
und beschreibt die Wölbung der Verteilung.

Wir nennen die Verteilung von X $\begin{cases} \text{normalgipflig für} & w(X) = 3 \\ \text{steilgipflig für} & w(X) > 3 \\ \text{flachgipflig für} & w(X) < 3. \end{cases}$ □

Definition A.8 (Charakteristische Funktion; vgl. Hesse ([4]), S.90)
Die charakteristische Funktion von X ist definiert durch
$$\phi_X(t) := E[e^{itX}] = \int_\Omega e^{itX} \, dP.$$
□

Satz A.9 (Eindeutigkeit der charakteristischen Funktion; ; vgl. Hesse ([4]), S.94)
Die Verteilung einer Zufallsvariablen X ist eindeutig durch deren charakteristische Funktion Φ_X *bestimmt.* □

A.3. (Standard-)Normalverteilung

Da sie in weiten Strecken dieser Arbeit als Grenzverteilung dient, macht es Sinn, einige Eigenschaften der *Standardnormalverteilung* und auch der allgemeinen Normalverteilung festzuhalten. Diese werden in all ihren Facetten zum Beispiel in Johnson ([5], Abschnitt 8) beschrieben.

Definition A.10 (Standardnormalverteilung)
Sei $X \sim N(0,1)$ *standardnormalverteilt. Dann bezeichnen*
$$\varphi(x) = \frac{1}{\sqrt{2\pi}} e^{-\frac{1}{2}x^2}$$
die Dichtefunktion und
$$\Phi(x) = \frac{1}{2\pi} \int_{-\infty}^{x} e^{-\frac{1}{2}t^2} dt$$
die Verteilungsfunktion von X. □

Satz A.11 (Momente der Standardnormalverteilung)
Sei $X \sim N(0,1)$. *Dann existieren* $E[X^k]$ *und* $E[|X^k|]$ *für alle* $k \in \mathbb{N}$ *und es gilt*
$$E[X^k] = \begin{cases} 0, & \text{für ungerade } k \\ (k-1)!!, & \text{für gerade } k \end{cases}$$

und
$$E[|X^k|] = (k-1)!! \begin{cases} \sqrt{\dfrac{2}{\pi}}, & \text{für ungerade } k \\ 1, & \text{für gerade } k. \end{cases}$$

Hierbei bezeichnet !! den Doppelfaktor *einer natürlichen Zahl*
$$\left(n!! = \prod_{k=0}^{\lceil \frac{n}{2} \rceil - 1} (n-2k) \right).$$

□

Satz A.12 (Faltung von Normalverteilungen)
Seien $(X_i)_{i=1,\dots,n}$ normalverteilt mit zugehörigen Erwartungswerten μ_i und Varianzen σ_i^2. Dann gilt
$$\sum_{k=1}^{n} X_k \sim N\left(\sum_{k=1}^{n} \mu_k, \sum_{k=1}^{n} \sigma_k^2 \right)$$
und
$$\frac{1}{n}\sum_{k=1}^{n} X_k \sim N\left(\frac{1}{n}\sum_{k=1}^{n} \mu_k, \frac{1}{n^2}\sum_{k=1}^{n} \sigma_k^2 \right)$$

A.4. Asymptotik

Für die Beschreibung von approximativen Näherungen in den Kapiteln 3.2 und 3.3 benötigen wir die sogenannten *Landau-Symbole o* und *O*, die das asymptotische Verhalten von Funktionen aufzeigen.

Definition A.13 („Klein o Notation")
Wir schreiben $a(x) \in o\big(b(x)\big)$ oder auch $a(x) = o\big(b(x)\big)$ für $x \to x_0$, falls
$$\lim_{x \to x_0} \frac{a(x)}{b(x)} = 0, \quad x_0 \in \bar{\mathbb{R}}.$$

□

Definition A.14 („Groß O Notation ")
Wir schreiben $a(x) \in O\big(c(x)\big)$ oder auch $a(x) = O\big(c(x)\big)$ für $x \to x_0$, falls
$$\lim_{x \to x_0} \frac{a(x)}{c(x)} < \infty, \quad x_0 \in \bar{\mathbb{R}}.$$

□

Es gilt offensichtlich $a(x) \in o\big(c(x)\big) \Rightarrow a(x) \in O\big(c(x)\big)$.

Für die Näherung von G_n durch Φ und eine unendliche Reihe, müssen wir außerdem den Begriff der Taylor-Entwicklung im stochastischen Kontext klären:

Satz A.15 (Taylor-Entwicklung; vgl. Hesse ([4], S.96)
Sei X eine Zufallsgröße mit Verteilungsfunktion F und $E[(|X|^n) < \infty$ für ein $n \in \mathbb{N}$. Dann besitzt die charakteristische Funktion Φ_X von X stetige Ableitungen bis zur Ordnung n und es ist

$$\phi_X^{(k)}(0) = \int_\mathbb{R} (ix)^k dF_X(x) = i^k E(X^k), \quad k = 0, ..., n$$

und Φ_X hat die Darstellung

$$\phi_X(t) = 1 + \sum_{k=1}^n \frac{(it)^k}{k!} E[X^k] + R_n(t)$$

mit einem Restterm $R_n(t) = o(t^n)$, $t \to 0$. □

Die Taylor-Reihe, die zu dieser Näherung führt, enthält dabei die sogenannten Hermiteschen Polynome.

Definition A.16 (Hermitesche Polynome; vgl. Bronstein ([2], S. 1389)
Die Hermiteschen Polynome $H_n(x)$ sind eine Familie orthogonaler Polynome, die die jeweilige hermitesche Differenzialgleichung

$$H_n''(x) - xH_n'(x) + 2nH_n(x) = 0, \quad n \in \mathbb{N}$$

lösen sollen und in der expliziten Form

$$H_n(x) = (-1)^n e^{\frac{x^2}{2}} \frac{d^n}{dx^n}(e^{\frac{-x^2}{2}})$$

angegeben werden können. □

A.5. Konvergenz stochastischer Prozesse

Für Kapitel 4 benötigen wir noch einige Erkenntnisse, um die Konvergenz von stochastischen Prozessen formal beschreiben zu können. Diese sind dem Anhang von Embrecht et al ([3], Abschnitt A2) entnommen.
Zunächst müssen wir die betrachteten metrischen Räume definieren. Die Pfade der von uns betrachteten Prozesse sind ausnahmslos fast sicher stetige oder zumindest Càdlàg Funktionen, deshalb benutzen wir die Räume $\mathbb{C}[0,1]$ bzw. $\mathbb{D}[0,1]$:

Definition A.17 ($\mathbb{C}[0,1]$)
$\mathbb{C}[0,1]$ bezeichnet den Vektorraum der stetigen Funktionen auf [0,1], ausgerüstet mit der Supremumsnorm

$$\|x\| = \sup_{0 \leq t \leq 1} |x(t)|.$$

□

Definition A.18 ($\mathbb{D}[0,1]$)
$\mathbb{D}[0,1]$ bezeichnet die Menge aller Funktionen, die rechtsseitig stetig mit Grenzwert von links sind (Càdlàg).
Hier kann ebenfalls die Supremumsnorm

$$\|x\| = \sup_{0 \leq t \leq 1} |x(t)|$$

verwendet werden. □

Als Nächstes definieren wir den Begriff der schwachen Konvergenz in diesen Räumen.

Definition A.19 (Schwache Konvergenz in einem metrischen Raum)
Sei K ein Raum mit Metrik ρ und ausgerüstet mit der von den offenen Teilmengen bezüglich ρ erzeugten σ-Algebra. Weiterhin seien $X, X_1, X_2, \ldots$ beliebige Elemente mit Werten in K.
Wir sagen, die Folge (X_n) konvergiert schwach gegen X, wenn für jede beschränkte, stetige und reellwertige Funktion f auf K

$$E[f(X_n)] \to E[f(X_n)], \quad n \to \infty$$

gilt. Wir schreiben

$$X_n \xrightarrow{d} X.$$

□

In unserem Fall setzen wir für K entweder $\mathbb{C}[0,1]$ oder D ein, jeweils ausgerüstet mit einer entsprechenden Norm.

Satz A.20 (Schwache Konvergenz in $\mathbb{D}[0,1]$)
Seien $X_1, X_2, \ldots$ stochastische Prozesse auf $[0,1]$ mit Càdlàg Pfaden, also z.B. Pfaden in $\mathbb{D}[0,1]$, und X ein stochastischer Prozess auf $[0,1]$ mit stetigen Pfaden mit Wahrscheinlichkeit 1, also z.B. Pfaden in $\mathbb{C}[0,1]$.
Sei außerdem $X_n \xrightarrow{d} X$ in $\mathbb{D}[0,1]$, ausgerüstet mit der J_1-Metrik und der von den offenen Mengen erzeugten σ-Algebra.
Dann gilt auch $X_n \xrightarrow{d} X$ in $\mathbb{D}[0,1]$, ausgerüstet mit der Supremumsnorm und der von den offenen Bällen erzeugten σ-Algebra. □

Für die Konvergenz in $\mathbb{D}[0,1]$ im stabilen FZGS müssen wir noch eine spezielle Konvergenz definieren:
Hierfür sei Λ die Klasse der Funktionen $h : [0,1] \to [0,1]$, die stetig und wachsend sind und für die $h(0) = 0$ und $h(1) = 1$ gilt.

Definition A.21 (J_1-Konvergenz)
Die Funktionen $x_n \in \mathbb{D}[0,1]$ konvergieren auf J_1-Art gegen $x \in \mathbb{D}[0,1]$, falls für alle n ein $h_n \in \Lambda$ existiert, sodass

$$\sup_{0 \le t \le 1} |h_n(t) - t| \to 0, \quad n \to \infty$$

und

$$\sup_{0 \le t \le 1} |x_n(t) - x(h_n(t))| \to 0, \quad n \to \infty$$

gilt. Als Metrik wird hier eine entsprechende Version der Metrik

$$d_{0,1}(x,y) = \inf_{h \in \Lambda} \max \left\{ \sup_{0 \le t \le 1} |h(t) - t|, \sup_{0 \le t \le 1} |x(t) - y(h(t))| \right\}$$

auf $\mathbb{D}[0,1]$ gewählt. □

Für Korollar 4.10 benötigen wir das *continuous mapping theorem*, das eine Aussage über die Grenzerhaltung stetiger Funktionen trifft.

Satz A.22 (continuous mapping theorem)
Seien (X_n), X Zufallsvariablen auf einem metrischen Raum S.
Sei g weiterhin eine Funktion $g : S \to S'$ (wobei S' ein anderer metrischer Raum ist), die eine vernachlässigbare Menge D_g von Unstetigkeitsstellen hat, sodass $P[X \in D_g] = 0$. Dann gilt:

(i) $X_n \xrightarrow{d} X \implies g(X_n) \xrightarrow{d} g(X)$,

(ii) $X_n \xrightarrow{p} X \implies g(X_n) \xrightarrow{p} g(X)$,

(iii) $X_n \xrightarrow{a.s.} X$[24] $\implies g(X_n) \xrightarrow{a.s.} g(X)$.

□

A.6. Allgemein

Zuletzt werden noch einige Definitionen und Sätze aufgeführt, die sich keiner der vorigen Kategorien zuweisen lassen:

Definition A.23 (langsam variierende Funktionen)
Wir nennen eine positive, Lebesque-messbare Funktion L auf $(0, \infty)$ langsam variierend, wenn

$$\lim_{x \to \infty} \frac{L(tx)}{L(x)} = 1, \quad t > 0$$

gilt. Wir schreiben $L \in R_0$.

---
[24]fast sichere Konvergenz, siehe dazu A.4

Definition A.24 (Geometrische Brownsche Bewegung; vgl. Embrecht et al ([3], S. 407))
Eine geometrische brownsche Bewegung G_t *ist ein stochastischer Prozess, der sich wie folgt aus der brownschen Bewegung ableitet:*

$$G_t \;=\; a\,\exp\left\{\left(\mu - \frac{\sigma^2}{2}\right)t + \sigma B_t\right\}.$$

□

Definition A.25 (absolute Stetigkeit)
Eine Funktion $f : I \to \mathbb{R}$ *ist* absolut stetig *auf I, wenn für jedes* $\epsilon > 0$ *ein* $\delta > 0$ *existiert, sodass für jede endliche Folge* $(x_k, y_k) \subseteq I$ *aus disjunkten Teilintervallen mit*

$$\sum_k (y_k - x_k) \;<\; \delta$$

gilt, dass

$$\sum_k |f(y_k) - f(x_k)| \;<\; \epsilon.$$

□

Literatur

[1] BILLINGSLEY, P. : Convergence Of Probability Measures. Wiley, 1968

[2] BRONSTEIN, I. N. ; SEMENDJAJEW, K. A. ; MUSIOL, G. ; MÜHLIG, H. : Taschenbuch der Mathematik. 6. Frankfurt am Main : Verlag Harri Deutsch, 2005. – ISBN 3-8171-2006-0

[3] EMBRECHTS, P. ; KLÜPPELBERG, C. ; MIKOSCH, T. : Modelling Extremal Events: for Insurance and Finance. Springer Berlin Heidelberg, 2013 (Stochastic Modelling and Applied Probability)

[4] HESSE, C. H.: Angewandte Wahrscheinlichkeitstheorie. Vieweg Teuber Verlag, 2003

[5] JOHNSON, N. ; KOTZ, S. : Distributions in statistics: continuous multivariate distributions. Wiley, 1972 (Wiley series in probability and mathematical statistics: Applied probability and statistics)

[6] KRENGEL, U. : Einführung in die Wahrscheinlichkeitstheorie und Statistik. Vieweg, 2000

[7] PETROV, V. V.: Sums of Independent Random Variables. Springer Berlin Heidelberg, 1975

[8] PINELIS, I. : On the nonuniform BerryEsseen bound. In: Michigan Technological University Houghton, Michigan 49931, USA (2010)

[9] RACHEV, S. T.: Probability Metrics and the Stability of Stochastic Models. Wiley, 1991

BEI GRIN MACHT SICH IHR WISSEN BEZAHLT

- Wir veröffentlichen Ihre Hausarbeit, Bachelor- und Masterarbeit

- Ihr eigenes eBook und Buch - weltweit in allen wichtigen Shops

- Verdienen Sie an jedem Verkauf

Jetzt bei www.GRIN.com hochladen und kostenlos publizieren